"十二五"普通高等教育本科国家级规划教材

有机化学学习指南与练习

（第四版）

罗　颖　董先明　李春远　主编

科学出版社

北　京

内 容 简 介

本书为"十二五"普通高等教育本科国家级规划教材《有机化学(第五版)》(李春远等,科学出版社,2025)配套的学习指导书。

本书主要由两大部分组成:第一部分包含各章的知识要点、单元练习、典型题精解、综合练习题及参考答案。知识要点是对各章重要有机化学知识的总结与归纳;单元练习是学生在复习已学内容的基础上独立完成的课外作业;典型题精解对有机化学的解题方法、解题思路和解题技巧进行了阐述;综合练习题及参考答案便于学生复习和自我检查。第二部分为《有机化学(第五版)》教材各章的问题及课后习题的参考答案。本书根据中国化学会和有机化合物命名审定委员会发布的《有机化合物命名原则》(2017)的推荐方案,对化合物的命名和相关内容进行了调整和修订。

本书作为学习有机化学的练习册和指导书,可供农林院校的生命科学、农学、林学等专业的学生使用,也可供学生自学和考研复习参考。

图书在版编目(CIP)数据

有机化学学习指南与练习 / 罗颖, 董先明, 李春远主编. -- 4版. -- 北京 : 科学出版社, 2025. 1. -- ("十二五"普通高等教育本科国家级规划教材).--ISBN 978-7-03-080664-2

Ⅰ. O62

中国国家版本馆 CIP 数据核字第 2024C2B311 号

责任编辑:赵晓霞 李丽娇 / 责任校对:杨 赛
责任印制:张 伟 / 封面设计:有道文化

科学出版社 出版

北京东黄城根北街 16 号
邮政编码:100717
http://www.sciencep.com

三河市骏杰印刷有限公司印刷

科学出版社发行 各地新华书店经销
*

2007 年 3 月第 一 版 开本:720×1000 1/16
2012 年 9 月第 二 版 印张:9
2017 年 2 月第 三 版 字数:197 000
2025 年 1 月第 四 版 2025 年 1 月第十八次印刷

定价:35.00 元

(如有印装质量问题,我社负责调换)

第四版前言

本书与"十二五"普通高等教育本科国家级规划教材《有机化学(第五版)》(李春远等,科学出版社,2025)同步出版。为方便学生自学,使学生深入透彻地理解有机化学的知识点,编者对第四版教材的内容进行梳理,新增了一些习题,更加详细地介绍解题的思路与方法,从而引导学生建立较为合理的解题思路,提高解题技巧。本书根据中国化学会和有机化合物命名审定委员会发布的《有机化合物命名原则》(2017)的推荐方案,对化合物的命名和相关内容进行了调整和修订。

本书由罗颖副教授拟定编写大纲,并修编第 6、7 章,董先明教授修编第 1、2、11 章,杨卓鸿教授修编第 4 章,禹筱元教授修编第 3 章,李春远教授修编第 8 章,张淑婷副教授修编第 10、14 章,徐莉副教授修编第 12、13 章,蔡欣副教授修编第 5 章,董汉武副教授修编第 9 章,丁唯嘉讲师修编第 15 章。

在本书的修编过程中,得到了华南农业大学材料与能源学院有机化学教学团队全体教师的大力支持与帮助,他们提出了许多宝贵意见,董先明教授提出了指导意见,还得到了"有机化学"省级线下一流课程及省级精品资源共享课建设项目的资助,在此一并表示衷心的感谢。

由于编者水平有限,书中不妥之处在所难免,恳请同行和读者批评指正。

编　者
2024 年 5 月

第三版前言

本书为《有机化学(第四版)》(董先明等,科学出版社,2017)配套的学习指导书。本书包括两大部分,第一部分为各章知识要点、单元练习、典型题精解、综合练习题及参考答案。通过对各章知识要点的归纳和总结,学生可以掌握所学章节的重要有机化学基础知识,同时提高理解和记忆能力;单元练习要求学生在复习已学内容的基础上独立完成,培养学生分析和解决问题的能力,进一步加深对教学内容的理解和记忆;各章的典型题精解主要对一些比较重要的有机化学问题和解题方法、解题思路和解题技巧进行阐述,指导学生完成作业并使其对学习内容有更为深刻的理解。综合练习题为近年来的期末考试试题,对于学生全面复习和考试具有参考价值。第二部分为《有机化学(第四版)》教材各章问题和课后习题参考答案。

本书由董先明教授制定编写大纲,并修编第 1 章、第 11 章和综合练习题及参考答案,杨卓鸿教授修编第 2 章和第 4 章,禹筱元教授修编第 3 章和第 5 章,罗颖副教授修编第 6 章和第 7 章,李春远副教授修编第 8 章,汤日元教授修编第 9 章和第 14 章,张淑婷副教授修编第 10 章,徐莉副教授修编第 12 章和第 13 章,丁唯嘉讲师修编第 15 章。

在本书的修编过程中,得到了华南农业大学材料与能源学院有机化学教学团队全体教师的大力支持与帮助,他们提出了许多宝贵意见;在第二版修编过程中担任主编的谷文祥教授提出了指导意见;还得到了"有机化学"省级精品资源共享课建设项目的资助,在此一并表示衷心的感谢。

由于编者水平有限,书中难免会出现疏漏和不妥之处,恳请同行和读者批评指正。

编 者

2016 年 10 月

第二版前言

本书为普通高等教育"十一五"国家级规划教材《有机化学(第三版)》(谷文祥等,科学出版社,2012)配套的学习指导书。全书包括两大部分,第一部分为各章的知识要点、单元练习、典型题精解,综合练习题及参考答案,研究生入学考试模拟试题及参考答案。通过对各章知识要点的归纳和总结,可以使学生掌握所学章节的基本要点,以提高学生分析问题的能力;单元练习要求学生在复习已学内容的基础上独立完成,培养学生解决问题的能力,加深对教学内容的理解和记忆;典型题精解对比较经典的一些问题和解题方法、解题思路和解题技巧进行阐述,指导学生完成作业,并使其对学习内容有更为深刻的理解。综合练习题为近年来期末考试或补考试题,对于学生全面复习考试具有参考价值。第二部分为《有机化学(第三版)》各章习题的参考答案。

本书由华南农业大学谷文祥教授制定编写大纲,并修编第1、4、15章,禹筱元教授修编第2、13章,罗颖副教授修编第3、8章,潘虹讲师修编第5章,李萍讲师修编第6章,明媚讲师修编第7章,徐晓萍讲师修编第9章,董先明教授修编第10、12、17章;天津农学院尹立辉副教授修编第11章,李春远副教授修编第14、16章。

在本书编写过程中,得到了华南农业大学理学院有机化学教研室全体教师的支持与帮助,并提出了不少宝贵意见,在此表示衷心的感谢。

由于编者水平有限,书中难免会出现疏漏和不妥之处,恳请同行和读者批评指正。

编 者
2012 年 2 月

第一版前言

本书为"普通高等教育'十一五'国家级规划教材"《有机化学(第二版)》(谷文祥,科学出版社,2007)配套的学习指导书。全书分为两大部分,第一部分包括知识要点、单元练习、典型题精解和综合习题及参考答案。知识要点和单元练习由学生在听课后理解的基础上自行完成,其中知识要点的归纳和总结,可以训练学生的阅读理解能力,同时掌握所学章节的基本要点;单元练习要求学生在复习已学内容的基础上独立完成,培养学生分析解决问题的能力,加深对教学内容的理解和记忆。这两方面的内容均在书上直接完成,减少作业的不规范性,便于学生总结复习;各章典型题精解对比较经典的一些问题的解题方法、解题思路和解题技巧进行阐述,指导学生完成作业并使其对学习内容有更为深刻的理解;综合习题为近年来期末考试或补考试题,对于学生全面复习考试具有参考价值,同时附参考答案,便于学生自检。第二部分为《有机化学(第二版)》(谷文祥,科学出版社,2007)课后习题参考答案。

本书由谷文祥教授制定编写大纲,并编写前言和第1、3、4、5、9章;禹筱元讲师编写第2、6章;杨卓鸿副教授编写第7、8章;董先明副教授编写第10、12、16章;张淑婷副教授编写第11、13章;赵颖讲师编写第14、15章;第17章由董先明、赵颖共同编写;教材课后练习题参考答案由各章编写教师分别负责。

本书编写过程中,得到了华南农业大学理学院有机化学教研室全体教师的支持与帮助,并提出了不少宝贵意见,在此表示衷心的感谢。

由于编者水平有限,书中难免会有错误和不妥之处,恳请同行和读者批评指正。

编 者
2006 年 11 月

目　录

第1章 绪　　论

1.1　知识要点

1. 有机化合物的特点

有机化合物可燃烧、熔点和沸点低、难溶于水、反应速率慢、反应复杂、副产物多。其特点可用五个字概括："燃、低、难、慢、多"。

2. 现代化学键理论

1)原子轨道

一个电子在原子核外空间最可能出现的区域称为原子轨道。核外电子的排布遵循能量最低原理、泡利不相容原理和洪德定则。

2)分子轨道

原子轨道的线性组合称为分子轨道。分子轨道的数目等于组成分子轨道的原子轨道数,比原子轨道能量低的称为成键轨道,反之为反键轨道。

3)共价键的基本性质

通过电子的共享而形成的化学键称为共价键。

(1)共价键的极性。由于形成共价键的原子对电子的吸引力不同,电子云在两个原子之间不对称分布,因此共价键有极性,这样的共价键称为极性共价键。若原子对电子的吸引力相同,就会形成非极性共价键。

(2)共价键的键长、键角和键能。

(3)共价键的类型。按成键轨道方向的不同可分为 σ 键(俗称"头碰头")和 π 键(俗称"肩并肩"),可形成单键、双键、三键等。

4)杂化轨道理论

杂化是指原子成键时,参与原子成键的若干个能级相近的原子轨道相互"混杂",组成一组新的轨道。只有能量相近的原子轨道才能进行杂化,且只有在形成分子的过程中才能进行杂化。杂化轨道的成键能力比原来未杂化的轨道的成键能力强,形成的化学键键能大。杂化轨道的数目等于参与杂化的轨道数目。在碳原子中一般存在 sp、sp^2 和 sp^3 三种杂化方式。随着 s 成分的减少,原子核对杂化轨道中电子的吸引力减弱,电负性减小,即不同杂化态碳的电负性顺序为 $C_{sp} > C_{sp^2} > C_{sp^3}$。

3. 共价键的断裂和有机反应类型

共价键的断裂分为均裂和异裂。均裂:共用电子对平均分配给两个成键原子或原子团，生成自由基。自由基反应一般在光和热的条件下发生。异裂：成键电子完全转移给成键原子的某一方。异裂的产物：正离子和负离子，反应一般在酸碱或极性物质的催化下进行。

4. 有机化合物酸碱理论

酸碱质子理论：酸是能释放质子的物质，碱是能接受质子的物质。

酸碱电子理论：酸是在反应过程中能接受电子对的物质，碱是在反应过程中能给出电子对的物质。

1.2　单元练习

1. 价键理论和杂化轨道理论的主要区别是什么？

2. 经元素分析表明某有机化合物由碳和氢元素组成，其中碳的质量分数为86.2%，氢为13.8%，经质谱分析测定其相对分子质量为70，它的分子式是什么？

3. 共价键有哪几种断裂方式？各发生什么样的反应？

4. 根据酸碱质子理论，下列物质哪些是酸？哪些是碱？哪些既是酸又是碱？

H^+, H_2O, CN^-, RCH_2^-, RNH_3^+, OH^-, HS^-, NH_2^-, NH_3, RO^-, HCO_3^-, H_2S

1.3　典型题精解

1. 某化合物包含 C、H 和 O，经元素分析分别为 C(70.4%)、H(13.9%)，写出其实验式。

解　由化合物元素分析可知氧的质量分数为

$$(100-70.4-13.9)\% = 15.7\%$$

则 $C:H:O = (70.4/12):(13.9/1):(15.7/16) = 6:14:1$。

故该化合物的实验式为 $C_6H_{14}O$。

2. 预测下列各对物质的酸性相对强弱。

(1) H_3O^+ 和 NH_4^+　　　　　　(2) H_3O^+ 和 H_2O　　　　　　(3) NH_4^+ 和 NH_3

(4) H_2S 和 HS^-　　　　　　　(5) H_2O 和 OH^-

解　(1) $H_3O^+ > NH_4^+$　　　(2) $H_3O^+ > H_2O$　　　(3) $NH_4^+ > NH_3$

(4) $H_2S > HS^-$　　　(5) $H_2O > OH^-$

3. 下列物质哪些是亲电试剂？哪些是亲核试剂？

H^+, Cl^+, H_2O, CN^-, RCH_2^-, RNH_3^+, NO_2^+, $R-\overset{+}{C}=O$, OH^-, NH_2^-, NH_3, RO^-

解　根据酸碱理论，能接受电子对的为酸，是亲电试剂，所以 H^+、Cl^+、RNH_3^+、NO_2^+、$R-C^+=O$ 是亲电试剂；能给出电子对的为碱，是亲核试剂，所以 H_2O、CN^-、

RCH_2^-、OH^-、NH_2^-、NH_3、RO^-为亲核试剂。

4. 碳原子及氢原子核外各有几个电子？它们是怎样分布的？画出它们的轨道形状。当 4 个氢原子与 1 个碳原子结合成甲烷(CH_4)时，碳原子核外有几个电子是用来与氢原子成键的？画出它们的轨道形状及甲烷分子的形状。

解 碳原子核外有 6 个电子，氢原子核外有 1 个电子，碳原子 $2s^2 2p^2$ 轨道上的 4 个电子与氢原子 $1s$ 轨道成键，其中 s 轨道的形状为球形，p 轨道的形状为哑铃形，甲烷分子是以 sp^3 杂化方式成键的，其空间构型为正四面体。

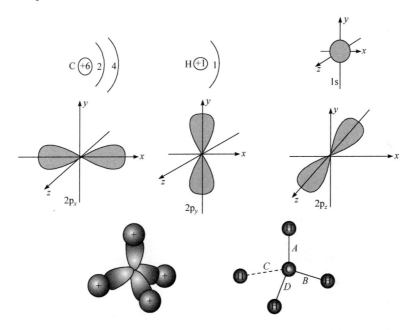

第 2 章 烷 烃

2.1 知 识 要 点

2.1.1 烷烃的结构

1)烷烃碳原子的杂化

sp^3 杂化。

2)构造异构

分子式相同而结构式不同的化合物称为同分异构体,这种现象称为同分异构。同分异构是有机化合物中的一种普遍现象。

3)碳氢的类型

直接与一个、两个、三个或四个碳原子相连的碳原子分别称为伯、仲、叔和季碳原子,用 $1°C$、$2°C$、$3°C$、$4°C$ 表示;同样,将伯、仲、叔碳原子连接的氢原子分别称为伯、仲、叔氢原子,也可用 $1°H$、$2°H$、$3°H$ 表示。

2.1.2 烷烃的系统命名规则

系统命名分为三步:一选、二编、三配基。

(1)选母体:碳链最长,取代最多。

(2)编号:位次最低(最低系列原则)。

(3)配基:取代基按英文字母顺序先后列出(作为前缀的 di、tri、tetra、*sec*、*tert* 等首字母不算在内),同基合并。

2.1.3 烷烃的构象

构象是指在已知构型的分子中,仅由于单键的旋转而引起分子中的原子或原子团在空间的特定排列形式。烷烃以 C—C 键自由旋转可以产生无数种构象。交叉式构象和重叠式构象为乙烷的两种典型构象。交叉式构象为优势构象。

2.1.4 烷烃的化学性质

1)卤代反应和烷烃的自由基取代机理

烷烃的卤代反应是按自由基历程进行的。以甲烷为例,烷烃的氯代反应历程经历了链的引发、链的增长、链的终止三个阶段。

2)烷基自由基的稳定性(不同 H 原子的活泼性)

烷基自由基的稳定性的次序为:$3°\dot{C} > 2°\dot{C} > 1°\dot{C} > \dot{C}H_3$,所以卤代时,烷基氢的

活性为 $3°H>2°H>1°H>CH_4$。

2.2　单元练习

1. 用系统命名法命名下列化合物。

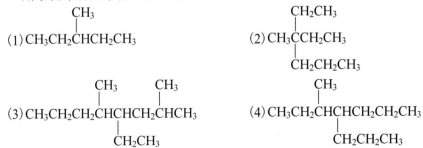

2. 写出相对分子质量为 114，同时含有 1°、2°、3°、4°碳的烷烃的构造式。

3. 写出下列化合物的结构式，若其名称与系统命名原则不符，请予以改正。

(1)3,3-二甲基丁烷　　　　　　　　(2)3-乙基-3,4-二甲基戊烷

(3)2 -叔丁基- 4,5-二甲基己烷

4. 相对分子质量为 72 的烷烃进行高温氯代反应，根据氯代产物的不同，推测各种烷烃的结构式。

(1)只生成 1 种一氯代产物　　　　　(2)可生成 3 种不同的一氯代产物

(3)生成 4 种不同的一氯代产物　　　(4)只生成 2 种二氯代产物

5. 写出 $BrCH_2CH_2Cl$ 的优势构象[用纽曼投影式表示]。

6. 将下列两个锯架式改写成纽曼投影式，判断 A、B 是否为同一物质，并说明理由。

2.3　典型题精解

1. 请解释：(1)为什么烷烃不活泼? (2)为什么在烷烃高温裂解过程中，断裂的是 C—C 键而不是 C—H 键? (3)虽然烷烃的燃烧是一个剧烈的放热反应过程，但是这个反应并不在室温下发生。

解　(1)分子中的反应活性部位通常有一对或者两对未共用电子、一个极性键、一个缺电子原子或者有一个可扩张的八隅体的原子，而烷烃没有这些，所以不活泼。

(2)C—C 键的能量(ΔH = +347kJ/mol)比 C—H 键的能量(ΔH = +414kJ/mol)低。

(3)因为反应的 ΔH 非常高，所以在室温下该反应非常慢。

2. 写出分子中仅含有 1 个季碳原子、1 个叔碳原子、1 个仲碳原子及多个伯碳原子的最简单的烷烃的可能异构体。

解　根据季碳、叔碳、仲碳原子的定义，烷烃具有如下的状态：

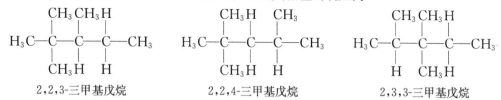

同时含有季、叔、仲碳原子，加上两端的甲基，主链上最少需要 5 个碳原子，这些碳原子的连接顺序可以有不同的方式，因此其相应的烷烃为

$\begin{array}{c}\text{CH}_3\ \text{CH}_3\ \text{H}\\ \ \mid\ \ \ \ \mid\ \ \ \mid\\ \text{H}_3\text{C}-\text{C}-\text{C}-\text{C}-\text{CH}_3\\ \mid\ \ \ \ \mid\ \ \ \mid\\ \text{CH}_3\ \text{H}\ \ \ \text{H}\end{array}$	$\begin{array}{c}\text{CH}_3\ \text{H}\ \ \ \text{CH}_3\\ \ \mid\ \ \ \ \mid\ \ \ \mid\\ \text{H}_3\text{C}-\text{C}-\text{C}-\text{C}-\text{CH}_3\\ \mid\ \ \ \ \mid\ \ \ \mid\\ \text{CH}_3\ \text{H}\ \ \ \text{H}\end{array}$	$\begin{array}{c}\text{CH}_3\ \text{CH}_3\ \text{H}\\ \ \mid\ \ \ \ \mid\ \ \ \mid\\ \text{H}_3\text{C}-\text{C}-\text{C}-\text{C}-\text{CH}_3\\ \mid\ \ \ \ \mid\ \ \ \mid\\ \text{H}\ \ \ \text{CH}_3\ \text{H}\end{array}$
2,2,3-三甲基戊烷	2,2,4-三甲基戊烷	2,3,3-三甲基戊烷

3. (1)列出由① $CH_3CH_2CH_2CH_3$ 和② $(CH_3)_2CHCH_3$ 与 Br_2 发生自由基取代反应得到的一溴取代物。

(2)判断每种情况下组成占主要数量的异构体。

解　(1)分子中有两种 H 原子，因而每一种化合物都可能有两种异构体。

① $CH_3CH_2CH_2CH_2Br$ 和 $CH_3CHBrCH_2CH_3$；② $(CH_3)_2CHCH_2Br$ 和 $(CH_3)_2CBrCH_3$。

(2)一般来说，溴代反应中三种氢的相对活性大小为 $1°H : 2°H : 3°H = 1 : 82 : 1600$。所以，在决定溴代产物的产率因素中，反应活性不同的影响可以完全掩盖概率因素的影响。①中 $CH_3CHBrCH_2CH_3$ 是通过取代 $2°H$ 原子形成的；②中 $(CH_3)_2CBrCH_3$ 是通过取代 $3°H$ 原子形成的，故它们为主要异构体。

第 3 章　烯烃和红外光谱

3.1　知　识　要　点

3.1.1　烯烃的结构与命名

1) 烯烃碳原子的杂化与烯烃的结构

烯烃分子中含有 sp^2 杂化的碳原子，这样的两个碳原子彼此各用一个 sp^2 轨道相互结合形成 C—C σ 键，每个碳原子的其余两个 sp^2 轨道分别与原子(或基团)A 和 B 结合形成 C—A、C—B σ 键。两个碳原子上各保留一个电子在 p 轨道中。由于碳原子的三个 sp^2 杂化轨道同处在一个平面上，而其 p 轨道与此平面垂直，两个 p 轨道相互平行时，体系的能量较低，两个 p 轨道可以最大限度地重叠形成 π 键，产生含有碳碳双键的稳定分子。

2) 烯烃的系统命名、顺反异构、*Z/E* 标记法与次序规则

烯烃的系统命名。①选含碳碳双键的最长碳链为主链，如果有多条等长的碳链，则选择支链最多的碳链作为主链，条若最长碳链含有双键则按主链中所含碳原子数将该化合物命名为某烯，编号时需从离双键近的一端开始，使双键碳原子编号较小；要用阿拉伯数字标明双键的位置，并写在"烯"字的前面；取代基所在碳原子的编号写在取代基之前，取代基也写在某烯之前；超过十个碳原子时，烯前要加碳字；顺反异构的顺、反字样写在全名的最前边。②当碳碳双键不在最长碳链中时，含碳碳双键的部分按取代基命名。

顺反异构指的是若两个双键碳原子所连原子或基团彼此有相同者，在双键同一侧称为顺式构型，在不同侧为反式构型。对于双键的两个碳原子上没有相同的原子或基团的烯烃可用 *Z*、*E* 表示，即按次序规则，两个双键碳原子上的两个原子序数大的原子(或两个次序大的基团)在双键同侧的称为 *Z* 型；在异侧的称为 *E* 型。

3.1.2　烯烃的主要化学性质

1) 亲电加成反应

两个或多个分子相互作用，生成一个加成产物的反应称为加成反应。通过化学键异裂产生的带正电的原子或基团进攻不饱和键而发生的加成反应称为亲电加成反应。亲电加成反应可以按照"碳正离子中间体机理"、"环鎓离子中间体机理"、"离子对中间体机理"和"三中心过渡态机理"四种途径进行。

(1)加氢。在催化剂存在的情况下,烯烃加氢生成饱和化合物。

(2)加卤素、卤化氢和水。烯烃可以与卤素、卤化氢进行加成。不对称烯烃和不对称试剂加成时,总是向生成更稳定碳正离子中间体的方向进行。

2)氧化反应

(1)高锰酸钾氧化。用稀 $KMnO_4$ 的中性或碱性溶液在较低温度下氧化烯烃,产物是邻二醇;如果用浓度较大的 $KMnO_4$ 酸性溶液则得到双键断裂产物。$KMnO_4$ 氧化烯烃的简单记忆法:

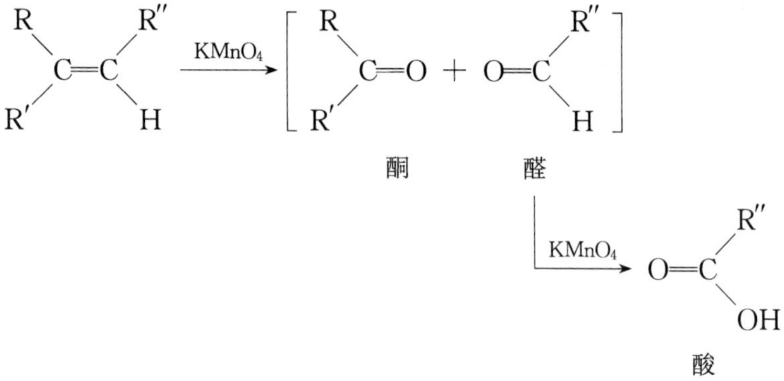

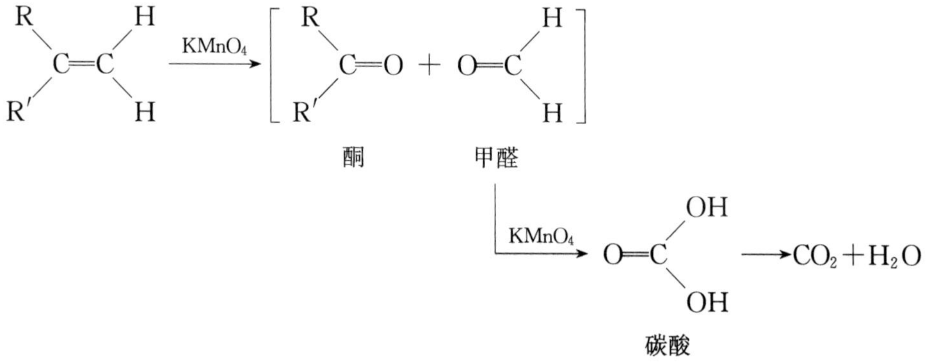

(2)臭氧氧化。将 O_3 通入烯烃的溶液(如 CCl_4 溶液)中,生成臭氧化物。臭氧化物水解的产物中有醛又有 H_2O_2,所以醛可能被氧化,使产物复杂化。加入锌粉可防止醛被 H_2O_2 氧化。烯烃臭氧化反应的意义:可以从产物推出原来的烯烃的结构。

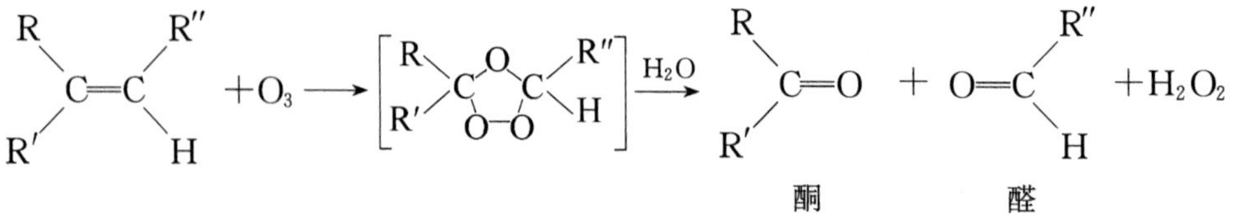

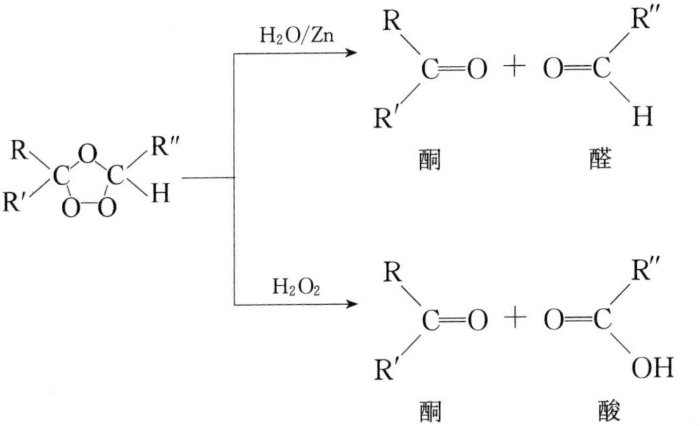

(3) 催化氧化。催化氧化是工业上最常用的氧化方法，产物大多是重要的化工原料。

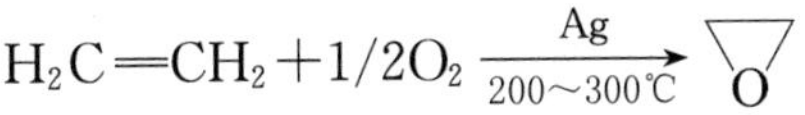

该反应仅适用于乙烯。

(4) 环氧化反应。烯烃在有机过氧酸氧化下，生成环氧化合物，保持双键构型。

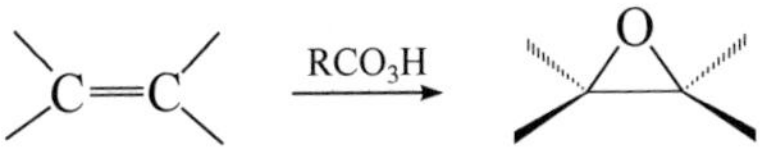

3) 反马氏加成

当反应混合物中有过氧化物存在时，烯烃与 HBr 加成按自由基反应机理进行，生成反马氏规则产物。

4) α-氢的反应

α-氢受双键的影响，有特殊的活泼性。高温或光照下，烯烃的α-氢可被卤素原子取代。烯烃的α-卤代反应为自由基反应，因为在光或热的情况下，有利于自由基的产生。例如：

$$CH_2=CH-CH_3 + Cl_2 \xrightarrow{500℃} CH_2=CH-CH_2Cl + HCl$$

α-氯丙烯或烯丙基氯

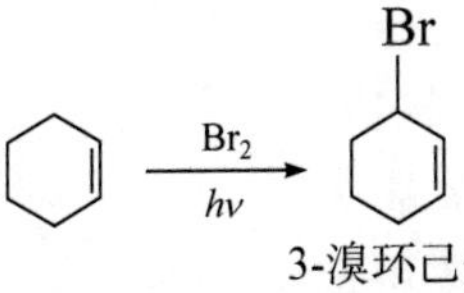

3-溴环己烯

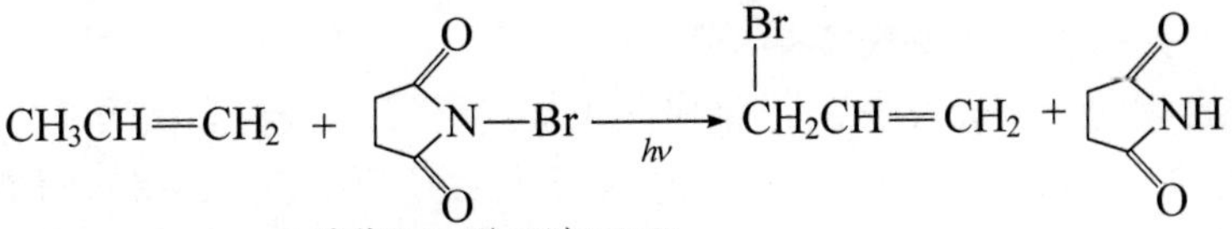

N-溴代丁二酰亚胺(NBS)

3.1.3　常见官能团的红外光谱数据

详见表中一些基团红外吸收的特征频率。

一些基团红外吸收的特征频率

化合物类型	基团及振动方式	波数/cm^{-1}
烷烃	C—H(伸缩)	2960～2850(s)
	C—H(弯曲)	1740～1350(s)
烯烃	=C—H(伸缩)	3080～3020(m)
	=C—H(弯曲)	1100～675(s)
	C=C(伸缩)	1680～1640(v)
芳烃	=C—H(伸缩)	3100～3000(m)
	=C—H(弯曲)	870～675(s)
	C=C(伸缩)	1600, 1500(v)
炔烃	≡C—H(伸缩)	3300(s)
	C≡C(伸缩)	2260～2100(v)
醇、醚、羧酸、酯	C—O(伸缩)	1300～1080(s)
醛、酮、羧酸、酯	C=O(伸缩)	1760～1690(s)
一元醇、酚(游离)	O—H(伸缩)	3640～3610(v)
一元醇、酚(缔合)	O—H(伸缩)	3600～3200(b,s)
羧酸	O—H(伸缩)	3300～2500(b,s)
胺、酰胺	N—H(伸缩)	3500～3300(w)
	N—H(弯曲)	1650～1590(s)
	C—N(伸缩)	1360～1180(s)
腈	HC≡N(伸缩)	2260～2210(v)
硝基化合物	—NO$_2$(伸缩)	1560～1515(s)
	—NO$_2$(弯曲)	1380～1345(s)

3.2　单元练习

1. 写出烯烃 C_6H_{12} 所有的同分异构体及其按系统命名的名称，并指出哪些有顺反异构体。

2. 写出下列各基团或化合物的构造式。

(1)乙烯基　　　　　(2)丙烯基　　　　　(3)烯丙基

(4)异丙烯基　　　　(5)顺-4-甲基戊-2-烯　　(6)(E)-3,4-二甲基庚-3-烯

(7)(Z)-4-异丙基-3-甲基庚-3-烯

3. 某化合物的分子式为 C_5H_{10}，能吸收 1mol 氢气，与酸性高锰酸钾溶液反应，只生成 1mol 的含 4 个碳原子的羧酸，但经臭氧氧化并还原水解后，得到两个不同的醛。试推测其可能的构造式，这个化合物有无顺反异构体存在？

4. 某烃 C_6H_{12} 能使溴水褪色，能溶于浓硫酸，催化氢化得正己烷，用过量的高锰酸钾溶液使其氧化，得到两个羧酸的混合物，写出此烃的构造式，并用反应式表示每步反应。

5. 完成下列各反应式(将正确答案填在题中括号内)。

$(1) CH_3CH=\underset{\underset{CH_3}{|}}{\overset{\overset{CH_3}{|}}{C}} \xrightarrow{ICl} (\qquad)$

$(2) CH_3CH_2CH=CH_2 \xrightarrow{(\quad)} (\qquad) \xrightarrow{(\quad)} CH_3\underset{\underset{Cl}{|}}{CH}-\underset{\underset{OH}{|}}{CH}-\underset{\underset{Cl}{|}}{CH_2}$

$(3) CH_3CH=\underset{\underset{CH_3}{|}}{C}CH_3 \xrightarrow{B_2H_6} \xrightarrow{H_2O_2/OH^-} (\qquad)$

$(4) (\qquad) \xrightarrow[H_2O]{O_3} \xrightarrow{Zn} HCHO + CH_3\overset{\overset{O}{\|}}{C}CH_3 + CH_3\overset{\overset{O}{\|}}{C}CHO$

(5) ⬡—CH=CH$_2$ $\xrightarrow[\text{高温}]{Br_2}$ (　　　　)

(6) ⬡—CH=CH$_2$ $\xrightarrow{HBr}$ (　　　　)

(7) ⬡—CH=CH$_2$ $\xrightarrow[ROOR]{HBr}$ (　　　　)

$(8) CH_3CH_2CH=CH_2 \xrightarrow[H^+,\triangle]{KMnO_4} (\qquad) + (\qquad)$

3.3　典型题精解

1. 命名化合物或由化合物名称写出其结构式。

$(1) \underset{CH_3CH_2}{\overset{CH_3CH_2}{}}C=C\underset{H}{\overset{H}{}}$

$(2) \underset{CH_3CH_2}{\overset{CH_3CH_2}{}}C=C\underset{\underset{\underset{CH_3}{|}}{CHCH_2CH_3}}{\overset{H}{}}$

$(3) CH_3\underset{H}{\overset{CH_3}{}}C=C\underset{H}{\overset{H}{}}C=C\underset{}{\overset{H}{C_2H_5}}$

(4) (E)-4-异丙基-3-甲基庚-3-烯

解　(1)选含有双键的最长碳链为主链，其名称为 2-乙基丁-1-烯。

(2)选含有双键的最长碳链为主链，且要求双键的位号最小，其名称为(Z)-3-乙基-5-甲基庚-3-烯。

(3)两个双键都有顺反异构，名称为$(2Z,4Z)$-4-甲基庚-2,4-二烯。

$(4) \underset{(CH_3)_2CH}{\overset{CH_3CH_2CH_2}{}}C=C\underset{CH_3}{\overset{CH_2CH_3}{}}$

2. 完成下列反应式，写出产物或所需反应条件。

$(1) CH_3CH_2CH=CH_2 \xrightarrow{H_2SO_4} (\qquad)$

$(2) CH_3\underset{\underset{CH_3}{|}}{\overset{\overset{CH_3}{|}}{C}}=CHCH_3 \xrightarrow{HBr} (\qquad)$

(3) $CH_3CH_2CH=CH_2 \xrightarrow{(\quad)} CH_3CH_2CH_2CH_2OH$

(4) $CH_3CH_2CH=CH_2 \xrightarrow{(\quad)} CH_3CH_2\overset{OH}{\underset{}{C}}HCH_3$

(5) $CH_3\overset{CH_3}{\underset{}{C}}=CHCH_2CH_3 \xrightarrow{O_3} \xrightarrow{Zn/H_2O} (\qquad)$

(6) $CH_2=CHCH_2OH \xrightarrow{(\quad)} \overset{Cl}{\underset{}{C}}H_2\overset{OH}{\underset{}{C}}HCH_2\underset{OH}{\overset{}{|}}$

解　(1) $CH_3CH_2\underset{OSO_2OH}{\overset{}{C}}HCH_3$　　(2) $(CH_3)_2\overset{Br}{\underset{}{C}}CH_2CH_3$　　　(3) $B_2H_6, H_2O_2/OH^-$

　　(4) H^+/H_2O　　(5) $CH_3\overset{O}{\overset{\|}{C}}CH_3 + CH_3CH_2CHO$　　(6) Cl_2/H_2O

3. 分子式为 C_5H_{10} 的化合物 A，与 1 分子 H_2 作用得到分子式为 C_5H_{12} 的化合物。A 在酸性溶液中与高锰酸钾作用得到一个含有 4 个碳原子的羧酸。A 经臭氧氧化并还原水解，得到两种不同的醛。推测 A 的可能结构，用反应式简要说明推断过程。

解　根据分子式可计算该化合物的不饱和度：$\Omega = (2 + 2n_4 + n_3 - n_1)/2 = 1$，其中，$n_1$ 是 H、卤素共价原子的数目；n_4 是 C 数目；n_3 一般是 N 的数目。由 A 在酸性溶液中与高锰酸钾作用生成少一个碳的羧酸得知，双键在末端，属于末端烯烃；由 A 经臭氧氧化并还原水解，得到两种不同的醛，证实了这是末端烯烃。同时没有酮生成，更进一步说明第二个双键碳原子上只连有一个烷基。由此，A 可能的结构为

　　　　　　　　　　　　　　或

其反应式为

4. 如何用 IR 光谱区分环己醇和环己酮？

解　根据羟基和羰基的特征吸收可知：环己醇在 $3200\sim3600cm^{-1}$ 处有强而宽的吸收峰；环己酮在 $1720cm^{-1}$ 处有强的吸收峰。

第 4 章　炔烃、共轭二烯烃和紫外光谱

4.1　知　识　要　点

4.1.1　炔烃的结构与命名

含有碳碳三键(C≡C)的碳氢化合物称为炔烃，命名与烯烃相似，若最长碳链包含三键时称为某炔。若碳碳三键不在主链(最长碳链)中时，则含碳碳三键的部分按取代基命名。当分子中同时含有双键和三键时，该化合物称为烯炔。烯炔类化合物命名时，若同时含有双键和三键的碳链最长则作为主链，此时从最靠近不饱和键(双键或三键)的一端开始对主链位次进行编号，若主链中双键、三键有相同位次供选择时优先给双键最小编号，命名为某烯炔，烯和炔的位次编号分别写在"烯"字和"炔"字的前面。

4.1.2　炔烃的性质

1)氢化催化

烯烃单独加氢比炔烃单独加氢反应要完全，而且反应速率大约是炔烃的 10 倍。若是混合物，则由于炔烃比烯烃具有更大的不饱和性及炔烃在催化剂表面的吸附作用更强，阻止了烯烃在催化剂表面的吸附，因此炔烃比烯烃更容易催化加氢。

2)亲电加成反应

(1)加卤素和卤化氢。不对称炔烃与卤化氢加成时，其产物遵循马氏规则。但当反应混合物中有过氧化物存在时，与溴化氢加成时按反马氏规则进行。

(2)加水。炔烃加水时，首先形成烯醇，然后重排生成醛或酮。

3)亲核加成反应

(1)加醇。在碱存在的情况下乙炔和醇反应生成乙烯基醚类化合物。

(2)加氢氰酸。在催化剂存在的情况下，炔烃和氢氰酸发生亲核加成反应，烯烃一般不容易发生该反应。

4)氧化反应

炔烃和强氧化剂作用，发生断键反应，从获得的产物可以推测该炔烃的构造式。

5)烃化物的生成

炔烃的活泼氢可以被取代，生成金属炔化物，常见的炔化物有炔化银、炔化亚铜和炔化钠等，该反应在有机合成上是增长碳链的方法之一。利用炔化银(亚铜)的生成，可以鉴别化合物中是否含有端基炔键。

4.1.3　共轭二烯烃

1)共轭二烯烃的结构

两个双键中间以一个单键相连的二烯烃称为共轭二烯烃。在共轭二烯烃中，成键

电子不是局限在任意两个碳原子之间，而是在整个分子中。这种分子中的电子可以在较为广泛的区域中运动的现象称为电子离域现象。这个特殊整体称为共轭体系。

2)共轭二烯烃的性质

(1)1,2-和1,4-加成反应。

$$H_2C=CHCH=CH_2 \xrightarrow{Br_2} \underset{Br\ Br}{CH_2CHCH=CH_2} + \underset{Br}{CH_2CH=CHCH_2}$$

$$H_2C=CHCH=CH_2 \xrightarrow{HBr} \underset{Br}{CH_3CHCH=CH_2} + CH_3CH=CHCH_2Br$$

(2)第尔斯-阿尔德(Diels-Alder)反应。共轭二烯烃与二烯亲和物发生的1,4-加成反应，称为第尔斯-阿尔德反应，也称双烯合成。

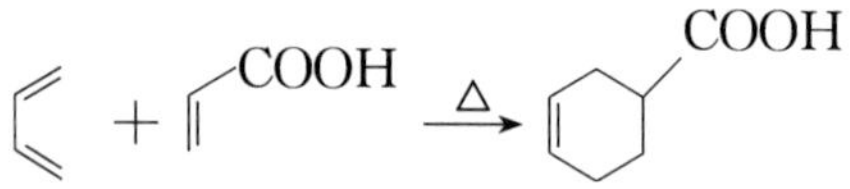

第尔斯-阿尔德反应中的一方提供共轭双烯，即双烯体；另一方提供不饱和键，即亲双烯体。常见的亲双烯体有氯乙烯、丙烯醛、丙烯酸酯、顺丁烯二酸酐及不饱和二羧酸酯等。该反应在加热条件下进行，反应过程中不需要催化剂，无中间体生成，一步完成。当亲双烯体上连有—NO_2、羧基、酰基等吸电子基或双烯体上连有给电子基时，反应易于发生。

4.1.4　诱导效应和共轭效应

1)诱导效应

诱导效应是指有机化合物受电负性不同的取代基团的影响，整个分子中的电子云按取代基的电负性所确定的方向而偏移的效应。用 I 来表示诱导效应，饱和 C—H 键的诱导效应规定为零，当基团或原子的电负性大于碳时，表现为吸电子诱导效应，以 –I 表示；当基团或原子的电负性小于碳时，表现为给电子诱导效应，以+I 表示。

2)共轭效应

共轭效应是指在共轭体系中原子间的相互影响，包括 π-π 共轭、p-π 共轭。共轭效应一般用 C 表示。将 π 电子与 π 电子之间的相互作用称为 π-π 共轭，p 电子和 π 电子之间的相互作用称为 p-π 共轭。按照基团或原子的电负性不同，共轭效应也分为给电子共轭效应(+C)和吸电子共轭效应(–C)。

3)超共轭效应

碳碳双键相连的饱和碳原子的 C—H σ 键可与 π 键产生微弱的共轭作用，称为 σ-π 超共轭效应，碳正离子和碳自由基(均为 sp^2 杂化)的 p 轨道与饱和碳原子的 C—H σ 键产生的微弱共轭作用称为 σ-p 超共轭效应。

4.2　单元练习

1. 用系统命名法命名下列化合物或根据下列化合物的命名写出相应的结构式。

(1) $(CH_3)_2CHC \equiv CC(CH_3)_3$　　　　(2) $CH_2 \equiv CHCH \equiv CHC \equiv CH$

(3) $CH_3CH \equiv CHC \equiv CC \equiv CH$　　　(4) 环己基乙炔

(5) (E)-庚-2-烯-4-炔　　　　　　(6) 4-乙炔基-5-甲基庚-2-烯

2. 从乙炔合成下列化合物（其他有机、无机试剂任选）。

(1) 戊-1-炔　　　　(2) 己-2-炔　　　　(3) $CH_3CH_2CH_2CH_2Br$　　　　(4) 2,2-二氯丁烷

3. 完成下列反应式。

(1) $CH_2 \equiv CHCH_2C \equiv CH \xrightarrow[\text{1mol}]{Br_2} ($　　$)$

(2) $CH_2 \equiv CHC \equiv CCH_3 \xrightarrow[\text{1mol}]{Br_2} ($　　$)$

(3) $CH_3CH_2C \equiv CH \xrightarrow{Ag(NH_3)_2^+} ($　　$)$

(4) $CH_3CH_2C \equiv CH \xrightarrow{NaNH_2} ($　　$)$

(5) $CH_2 \equiv CHCH_2\overset{\underset{\displaystyle CH_3}{|}}{\underset{}{C}}H\overset{\underset{}{|}}{\underset{}{}}HCH_3$ 其中含 Cl 和 CH_3 取代 $\xrightarrow[\text{乙醇}]{KOH} ($　　$)$

(6) $\equiv\!\!\!\diagdown\!\!\!\diagup \xrightarrow[\text{林德拉催化剂}]{H_2} ($　　$) \xrightarrow[ROOR, \triangle]{NBS} ($　　$) \xrightarrow[C_2H_5OH, \triangle]{NaOH} ($　　$)$

(7) $CH_3CH_2CH \equiv CH_2 \xrightarrow[ROOR]{HBr} ($　　$) \xrightarrow{HC \equiv CNa} ($　　$) \xrightarrow[H_2O]{HgSO_4/H_2SO_4} ($　　$)$

(8) $CH_3CH \equiv CH - CH \equiv CH_2 + $ 顺丁烯二酸酐 $\xrightarrow{\triangle} ($　　$)$

(9) $CH_2 \equiv CH - CH \equiv CH_2 \xrightarrow[\text{1mol}]{HBr} ($　　$) + ($　　$)$

(10) $CH_2 \equiv \overset{\underset{\displaystyle CH_3}{|}}{C} - CH \equiv CH_2 \xrightarrow[\text{1mol}]{HBr} ($　　$) + ($　　$)$

4. 某分子式为 C_6H_{10} 的化合物，加 2mol H_2 生成 2-甲基戊烷，在 $H_2SO_4/HgSO_4$ 的水溶液中生成羰基化合物，但和 $AgNO_3$ 的氨溶液不发生反应。试推测该化合物的结构式。

5. 用化学方法分离或提纯下列各组化合物。

(1) 分离癸-1-烯和癸-1-炔的混合物。

(2) 除去环己烷中的少量己-3-炔和己-3-烯。

4.3　典型题精解

1. 为什么 $CH \equiv CH$ 的酸性大于 $CH_2 \equiv CH_2$ 的酸性？

解　$CH \equiv CH$ 中碳原子为 sp 杂化，而 $CH_2 \equiv CH_2$ 中碳原子为 sp^2 杂化，sp 杂化的电负性较 sp^2 大，即 C_{sp}—H 键极性大于 C_{sp^2}—H 键，所以乙炔的酸性大于乙烯的酸性。

2. 写出丁-1,3-二烯及戊-1,4-二烯分别与 1mol HBr 或 2mol HBr 的加成产物。

解　丁-1,3-二烯为共轭二烯烃，加成时既有 1,2-加成产物又有 1,4-加成产物，而戊-1,4-二烯属于孤立二烯烃，加成时遵循马氏规则。

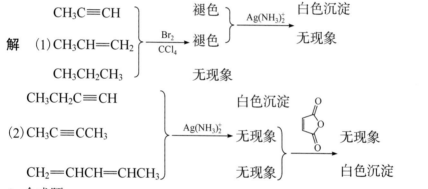

$$CH_2{=}CHCH{=}CH_2 \xrightarrow{HBr} CH_3\underset{\underset{Br}{|}}{C}HCH{=}CH_2 + CH_3CH{=}CHCH_2Br$$

$$CH_2{=}CHCH{=}CH_2 \xrightarrow{2HBr} CH_3\underset{\underset{Br}{|}}{C}H\underset{\underset{Br}{|}}{C}HCH_3 + CH_3\underset{\underset{Br}{|}}{C}H{-}CH_2{-}\underset{\underset{Br}{|}}{C}H_2$$

$$CH_2{=}CHCH_2CH{=}CH_2 \xrightarrow{HBr} CH_3\underset{\underset{Br}{|}}{C}H{-}CH_2CH{=}CH_2$$

$$CH_2{=}CHCH_2CH{=}CH_2 \xrightarrow{2HBr} CH_3\underset{\underset{Br}{|}}{C}H{-}CH_2{-}\underset{\underset{Br}{|}}{C}H{-}CH_3$$

3. 用化学方法区别下列各组化合物。

(1)丙烷、丙烯和丙炔　　　　　　　(2)丁-1-炔、丁-2-炔和戊-1,3-二烯

解　(1)
$$\left. \begin{array}{l} CH_3C{\equiv}CH \\ CH_3CH{=}CH_2 \\ CH_3CH_2CH_3 \end{array} \right\} \xrightarrow[CCl_4]{Br_2} \left. \begin{array}{l} 褪色 \\ 褪色 \\ 无现象 \end{array} \right\} \xrightarrow{Ag(NH_3)_2^+} \begin{array}{l} 白色沉淀 \\ 无现象 \end{array}$$

(2)
$$\left. \begin{array}{l} CH_3CH_2C{\equiv}CH \\ CH_3C{\equiv}CCH_3 \\ CH_2{=}CHCH{=}CHCH_3 \end{array} \right\} \xrightarrow{Ag(NH_3)_2^+} \left. \begin{array}{l} 白色沉淀 \\ 无现象 \\ 无现象 \end{array} \right\} \xrightarrow{} \begin{array}{l} 无现象 \\ 白色沉淀 \end{array}$$

4. 合成题。

(1)以丙烯为唯一碳源合成
$$\underset{H}{\overset{CH_3CH_2CH_2}{C}}{=}\underset{CH_3}{\overset{H}{C}} \;。$$

(2)以乙炔、丙烯为原料合成 ⬡—CH₂CCH₃ 。（环己基 —CH₂C(=O)CH₃）

解　(1)利用炔化钠与伯卤代烷的增碳反应先生成相应的炔烃，而后还原得到反式烯烃。

$$CH_3CH{=}CH_2 \xrightarrow[ROOR]{HBr} CH_3CH_2CH_2Br$$

$$CH_3CH{=}CH_2 \xrightarrow{Br_2} CH_3\underset{\underset{Br}{|}}{C}H\underset{\underset{Br}{|}}{C}H_2 \xrightarrow[\triangle]{NaNH_2} CH_3C{\equiv}CNa$$

$$\xrightarrow{CH_3CH_2CH_2Br} CH_3CH_2CH_2C\equiv CCH_3 \xrightarrow[\text{液氨}]{Na} CH_3CH_2CH_2\!\!\underset{H}{\overset{}{C}}\!\!=\!\!\underset{CH_3}{\overset{H}{C}}$$

(用 Na/液氨还原得到反式烯烃，用林德拉催化剂则得到顺式烯烃)

(2) 考虑第尔斯-阿尔德反应，制备亲双烯体。

$$2HC\equiv CH \xrightarrow[NH_4Cl]{Cu_2Cl_2} CH_2=CHC\equiv CH \xrightarrow[\text{林德拉催化剂}]{H_2} CH_2=CHCH=CH_2$$

$$HC\equiv CH \xrightarrow[\text{液氨}]{NaNH_2} HC\equiv CNa$$

$$CH_3CH=CH_2 \xrightarrow[hv]{Cl_2} ClCH_2CH=CH_2 \xrightarrow[\text{液氨}]{HC\equiv CNa} CH_2=CHCH_2C\equiv CH$$

$$\xrightarrow[H_2O]{HgSO_4/H_2SO_4} CH_2=CHCH_2\overset{O}{\overset{\|}{C}}CH_3 \xrightarrow{\triangle} \text{(环己烯)}-CH_2\overset{O}{\overset{\|}{C}}CH_3$$

5. 某化合物 A 的分子式为 C_5H_8，在液氨中与 $NaNH_2$ 作用后，再与 1-溴丙烷作用，生成分子式为 C_8H_{14} 的化合物 B，用 $KMnO_4$ 氧化 B 得到分子式为 $C_4H_8O_2$ 的两种不同的酸 C 和 D。A 和稀 $H_2SO_4/HgSO_4$ 水溶液作用，可生成酮 E $(C_5H_{10}O)$。试写出 A～E 的构造式。

解　根据题目所给条件，计算 A 的不饱和度为 2。从 A 可与 $NaNH_2$ 反应后再与 1-溴丙烷反应来看，A 应为端炔。从 B 氧化得到两种不同的酸来看，A 应有支链，推测为

A. $CH_3\underset{CH_3}{\overset{|}{C}H}C\equiv CH$

B. $CH_3\underset{CH_3}{\overset{|}{C}H}C\equiv CCH_2CH_2CH_3$

C. $CH_3CH_2CH_2COOH$

D. $CH_3\underset{CH_3}{\overset{|}{C}H}COOH$

E. $CH_3\underset{CH_3}{\overset{|}{C}H}\overset{O}{\overset{\|}{C}}CH_3$

第5章 脂环烃

5.1 知识要点

5.1.1 脂环烃分类和命名

1)分类

2)命名

（1）环烷烃。环烷烃根据分子中成环碳原子数目，称为环某烷，有取代基时将取代基的名称写在环烷烃的前面，取代基位次按"最低系列"原则编号，并使英文首字母次序小的取代基编号尽量小，基团顺序按"首字母"顺序小的优先列出。

（2）不饱和脂环烃。将不饱和碳环作为母体称为环某烯，侧链作为取代基，编号时，两个双键碳或三键碳必须编为连续号码。

（3）桥环化合物。分子中含有两个碳环的化合物称为二环化合物。两个环共用两个或更多的碳原子的二环化合物称为桥环化合物。命名时，根据组成环的碳原子总数命名为"某烷"，加上词头"二环"，再将各"桥"所含碳原子的数目，按由大到小的次序写在"二环"和"某烷"之间的方括号内。如果环上有取代基，编号从一个桥头碳原子开始编起，先编最长的桥至第二个桥头碳原子；再编余下的较长的桥，回到第一个桥头碳原子；最后编最短的桥。

（4）螺环化合物。分子中含有两个环共用一个碳原子的二环化合物称为螺环化合物，两个环共用的碳原子称为螺原子。命名时，根据成环碳原子的总数称为螺某烷，在方括号中按由小到大的顺序，标出各碳环中除螺碳原子以外的碳原子数目。若环上有取代基时，从较小环中与螺原子相邻的一个碳原子开始编号。

5.1.2 环烷烃的结构与化学性质

1)环己烷与取代环己烷的优势构象——椅式构象

对于一取代环己烷，取代基在 e 键为优势构象；对于含有两个以上取代基的环己烷，根据取代基的位置、大小和顺反决定，其中 e 键较多的、大基团占据 e 键的构象为优势构象。

注意：写出某化合物的最稳定构象时，不能将所有的取代基都放在 e 键，要按取代基的顺反情况而定。例如，顺-1,4-二甲基环己烷的最稳定构象是一个甲基在 a 键，一个甲基在 e 键，只有这样才符合顺式。如果将两个甲基都写在 e 键，那就是反式了。反式和顺式是顺反异构体，两者是不同的物质，它们不可能通过键的自由旋转而相互转化，因此写出最稳定构象时一定要尊重原化合物的顺反构型。

2) 化学性质

(1) 环烷烃的加成开环反应。在一定的条件下，小环环烷烃与氢、卤素、卤化氢发生加成，开环生成相应的烷烃、端基二卤代烃或卤代烃。随环的稳定性不同，反应条件有所不同。溴的加成有明显的颜色变化(由棕红色变成无色)，因此可以用来鉴别环丙烷及其衍生物。烷基取代的环丙烷的加成开环位置在含 H 最多和含 H 最少的两个碳之间；与 HX 加成符合马氏规则。

(2) 取代反应。在光照或高温条件下，环烷烃发生自由基取代反应。分子中只有一种氢被取代，产品单一，可用于有机合成。

5.2　单 元 练 习

1. 命名下列化合物或写出结构式。

(1)

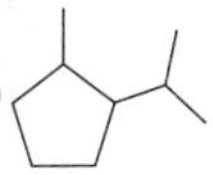

(2)

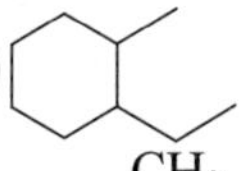

(3)

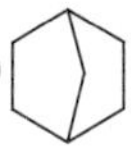

(4)

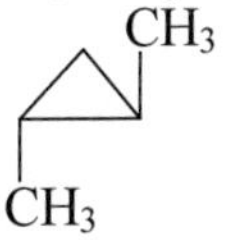

(5)

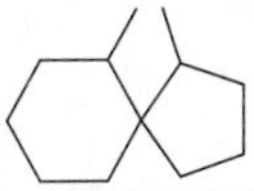

(6)

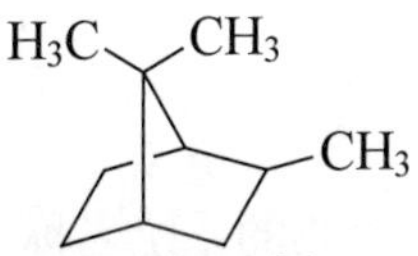

(7) 环戊基甲酸

(8) 4-甲基环己烯

(9) 反-1-叔丁基-4-甲基环己烷

(10) 5,6-二甲基二环[2.2.1]庚-2-烯

(11) 1-乙基-3-甲基环戊烷

(12) 8-溴-2,3-二甲基螺[4.5]癸烷

2. 完成下列反应式。

(1) 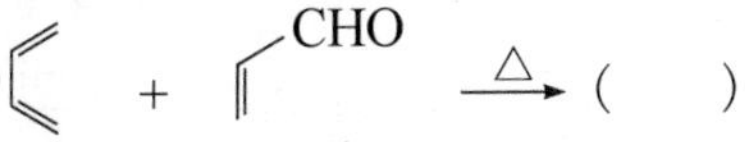 \+ CHO △ → (　　)

(2) 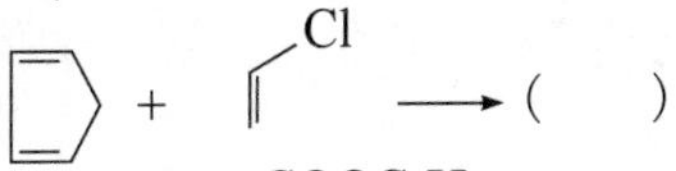 \+ Cl → (　　)

(3) 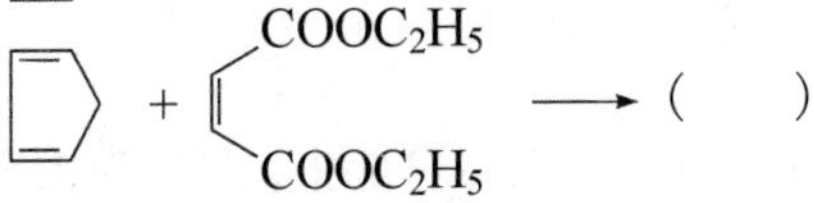 \+ COOC₂H₅ / COOC₂H₅ → (　　)

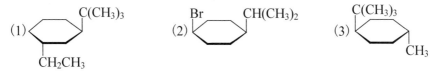

(4) 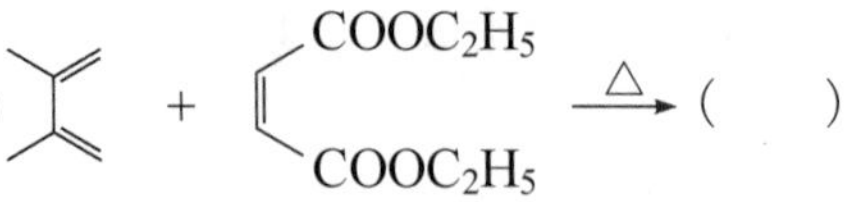 COOC₂H₅ ... COOC₂H₅ ——△—→ (　　)

(5) 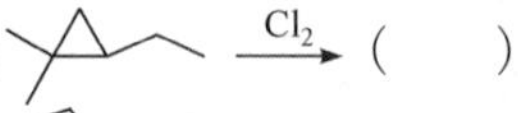 ——Cl₂—→ (　　)

(6) 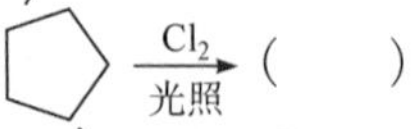 ——Cl₂/光照—→ (　　)

(7) 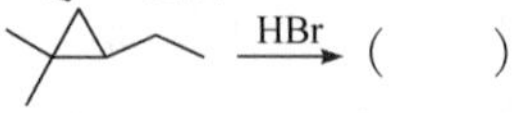 ——HBr—→ (　　)

3. 用化学方法鉴别下列化合物。

(1) 苯乙炔、环己烯、环己烷　　　　　　(2) 丁-2-烯、丁-1-炔、乙基环丙烷

4. 按题意完成下列合成(其他试剂任选)。

(1) 以乙炔和丙烯为原料合成 [CH₂Cl] 。

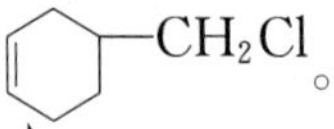

(2) 以环戊二烯为原料合成  COOCH₃ 。

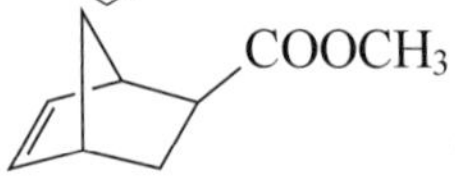

5. 写出下列化合物最稳定的椅式构象。

(1) C(CH₃)₃ ... CH₂CH₃　　　　(2) Br ... CH(CH₃)₂　　　　(3) C(CH₃)₃ ... CH₃

6. 推测结构。

某烃 C_3H_6(A)在低温时与氯气作用生成 $C_3H_6Cl_2$(B),在高温时则生成 C_3H_5Cl(C)。C 与碘化乙基镁作用得 C_5H_{10}(D),后者与 NBS(溴代丁二酰亚胺)作用生成 C_5H_9Br(E)。E 与氢氧化钾的乙醇溶液共热,主要生成 C_5H_8(F),后者又可与丁烯二酸酐发生双烯合成得 G。试推测 A～G 的结构式。

5.3　典型题精解

1. 写出下列化合物的系统名称。

(1) [结构式]　　　　　　　　(2) [结构式]

解　(1)按二环化合物的命名规则编号,再考虑取代基位次尽可能小,命名为2,8,8-三甲基二环[3.2.1]辛-6-烯。

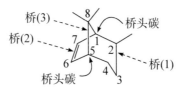

桥(3) ···· 8
桥(2) ···· 7, 1, 2 ──→ 桥头碳
6, 5, 4, 3 ──→ 桥(1)
桥头碳 ···· 6, 5

(2)按螺环化合物的命名规则编号,并使双键的位次尽可能小,命名为1,5-二甲基

螺[3.4]辛-6-烯。

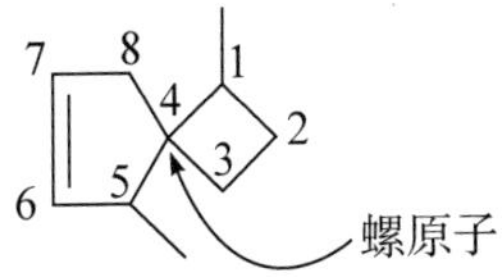

2. 用化学方法鉴别下列化合物。

A. 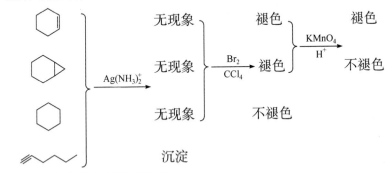　　B. 　　C. 　　D.

解　鉴别时应选择反应快速、操作简便及现象明显的反应来判断。

3. 写出下列化合物的最稳定构象。

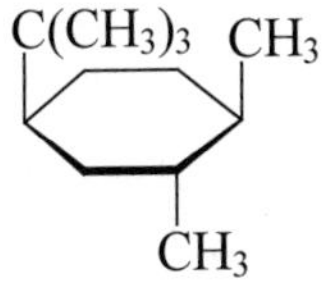

$$\begin{array}{c} C(CH_3)_3 \quad CH_3 \\ \\ CH_3 \end{array}$$

解　环己烷最稳定构象为椅式构象，大基团(叔丁基)在 e 键时能量较低，故最稳定的构象为

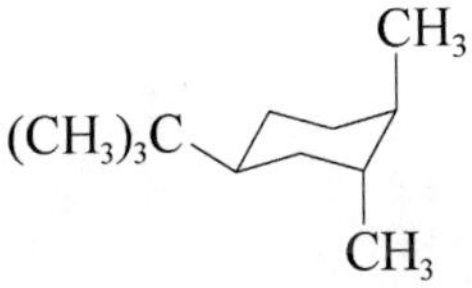

$$(CH_3)_3C \qquad \begin{array}{c} CH_3 \\ \\ CH_3 \end{array}$$

4. 比较下列两组化合物的稳定性。

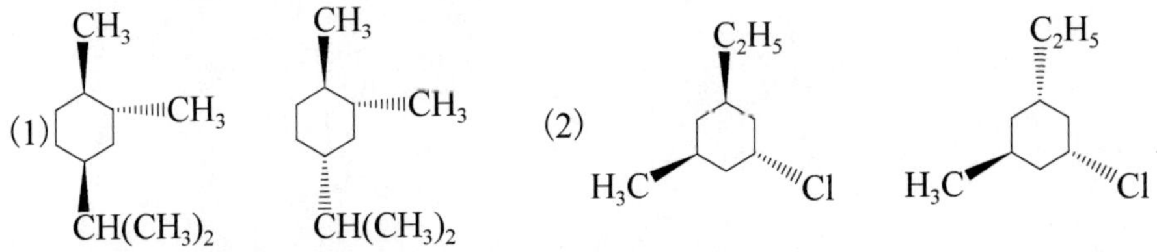

(1)

$$\begin{array}{c} CH_3 \\ \\ CH_3 \\ CH(CH_3)_2 \end{array} \qquad \begin{array}{c} CH_3 \\ \\ CH_3 \\ CH(CH_3)_2 \end{array}$$

(2)

$$\begin{array}{c} C_2H_5 \\ \\ H_3C \qquad Cl \end{array} \qquad \begin{array}{c} C_2H_5 \\ \\ H_3C \qquad Cl \end{array}$$

解　比较稳定性实际上是比较其构象的稳定性，首先要求画出稳定的构象，再进行比较。

(1) (CH₃)₃C——[环己烷，顶端 CH₃，底端 CH₃] ＜ (CH₃)₃C——[环己烷，CH₃, CH₃]

处于 e 键上的基团越多，构象越稳定。

(2) [环己烷，CH₃，C₂H₅，Cl] ＞ [环己烷，CH₃，C₂H₅，Cl]

甲基的体积比氯原子大，因而甲基处于 e 键上时构象更稳定。

第6章 芳 香 烃

6.1 知 识 要 点

6.1.1 芳香烃的命名

当苯环上连有简单的—R、—NO$_2$、—NO、—X 时，苯作为母体。若环上连有复杂烷基、烯或炔等不饱和基团及除—NO$_2$、—NO、—X 以外的其他官能团时，苯作取代基。苯环上连有两个或两个以上不同取代基时，优先官能团与苯环共同决定母体名称，其余作为取代基。

6.1.2 苯的结构

苯分子具有平面结构。杂化轨道理论认为苯环中碳原子均为 sp^2 杂化，每个碳原子的三个 sp^2 杂化轨道分别与另外两个碳原子的 sp^2 杂化轨道形成两个 C—C σ 键，与一个氢原子的 s 轨道形成 C—H σ 键，未杂化的 p 轨道相互平行且垂直于 σ 键所在平面，它们侧面互相重叠形成闭合大 π 键的共轭体系。

6.1.3 单环芳烃的化学性质

(1) 亲电取代反应。主要包括卤代、硝化、磺化、烷基化和酰基化。磺化反应为可逆反应，在有机合成中可用于占位。烷基化反应的产物常有异构现象，生成多取代产物。酰基化反应不发生异构现象，产物单一。苯环上连有强吸电子基团时，不易发生烷基化和酰基化反应。

(2) 芳烃侧链卤代和氧化。烷基苯在加热或光照条件下，可与卤素发生侧链α-氢的自由基取代；在氧化剂作用下可被氧化为苯甲酸，且无论侧链长短，只要含有α-氢，产物均为苯甲酸，无α-氢时，侧链不被氧化。

6.1.4 苯环上亲电取代反应的活性和定位效应

与苯相比，当苯环上连有给电子基时，亲电取代反应活性增强，这些基团称为致活基团(卤素除外)；当苯环上连有吸电子基时，亲电取代反应活性减弱，这些基团称为致钝基团。

(1) 一元取代苯通过亲电取代反应引入第二个取代基。致活基团及卤素使第二个取代基主要进入原定位基团的邻、对位，致钝基团使第二个取代基主要进入其间位(卤素除外)。

（2）二元取代苯通过亲电取代反应引入第三个取代基。两个取代基定位作用一致时，共同决定第三个取代基的位置。定位作用不一致，且两个取代基属同一类时，主要由定位作用强的取代基决定；两个取代基属不同类时，主要由邻、对位定位基定位。此外，还应该考虑空间位阻。

6.1.5 休克尔规则

化合物具有芳香性必须符合下列条件：①化合物必须有一个闭合的共轭环，环内所有原子都能提供一个 p 轨道且互相平行而参与共轭；②环内共轭 π 电子总数符合 $4n+2$，$n=0$，1，2，3，…。

6.2 单 元 练 习

1. 命名下列各化合物。

(1)

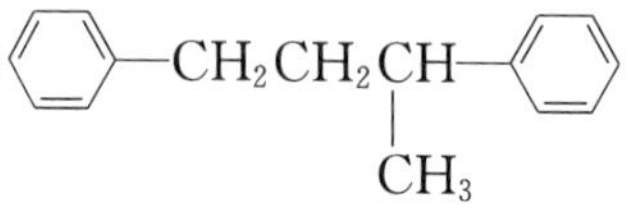

(2)

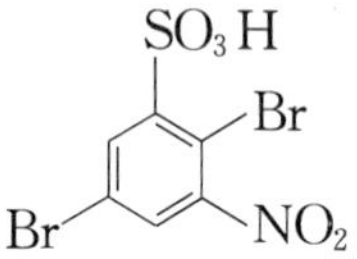

(3)

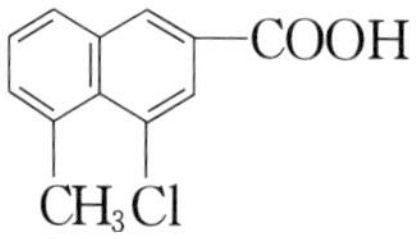

(4)

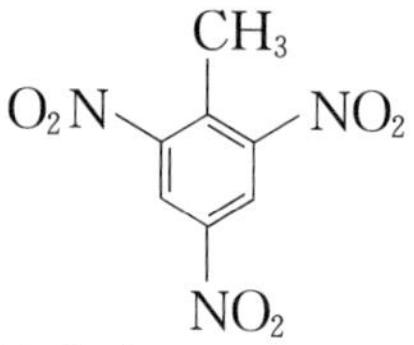

2. 比较下列化合物苯环上溴代反应活性的大小。

(1)

(2)

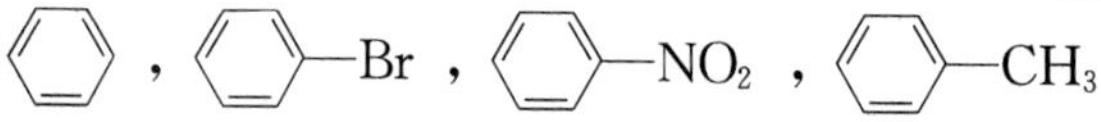

3. 完成下列反应。

(1)

(2)

(3)

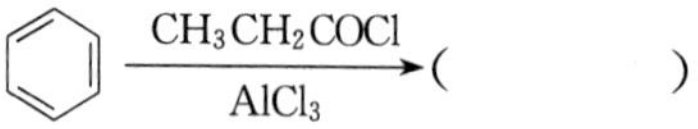

(4)

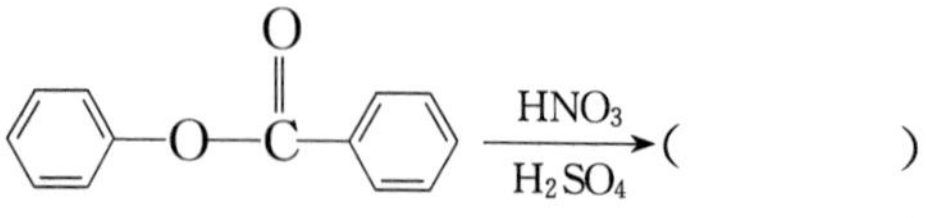

(5)

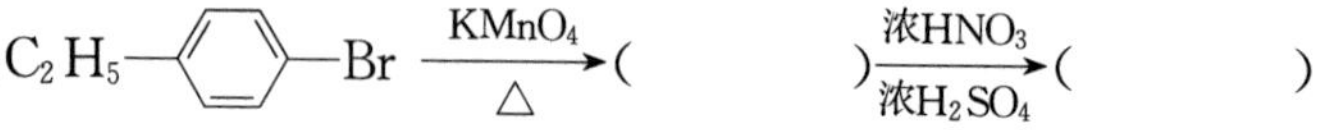

(6)

4. 以甲苯及必要的无机试剂为原料合成下列化合物。

(1)　(2)　(3)

5. 用简便化学方法鉴别下列化合物。

(1) 甲苯、己-1-炔、环己-1, 3-二烯、环己烯、苯

(2) 苯乙炔、乙基环丙烷、环己烯

6.3　典型题精解

1. 用休克尔规则判断下列化合物是否具有芳香性。

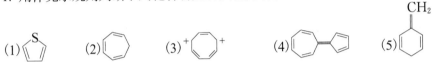

解　(1) 有芳香性。每个 C=C 提供 2 个 π 电子，硫原子(S)提供一对电子，形成 6 个电子的闭环共轭芳香体系。

(2) 无芳香性。其中一个具有 sp^3 杂化的碳原子阻碍首尾 p 轨道的重叠，不能形成闭合的共轭体系。

(3) 有芳香性。

(4) 有芳香性。可写成由环庚三烯正离子和环戊二烯负离子及其相应的共振结构式组成，符合休克尔规则。

(5) 无芳香性，不能形成单环共轭体系。

2. 为什么环戊二烯中 CH_2 上 H 的酸性比环己-1, 3-二烯中 CH_2 上 H 的酸性强?

解　环戊二烯中 CH_2 上的氢以 H^+ 离去后，形成环戊二烯负离子，碳原子由 sp^3 杂化转变为 sp^2 杂化，负离子中的 1 对未共用电子对在 p 轨道上，与 2 个烯键构成 6 个 π 电子的单环共轭体系，是具有芳香性的稳定体系。而环己-1, 3-二烯中 CH_2 上的氢以 H^+ 离去后，尽管能构成具有 6 个 π 电子的共轭体系，但还有一个 CH_2 上的碳原子是以 sp^3 杂化轨道成键，它阻止了闭环共轭体系的形成，所以环己-1, 3-二烯负离子是相对不稳定的非芳香性体系。因此，环戊二烯中 CH_2 上 H 的酸性要比环己-1, 3-二烯中 CH_2 上 H 的酸性强。

3. 用箭头标出下列化合物最可能发生亲电取代反应的位置，并写出预测的理由。

(1) 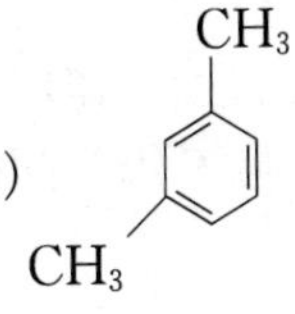　(2) 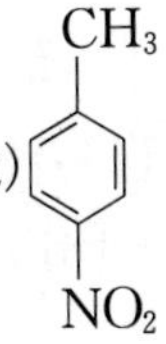　(3)

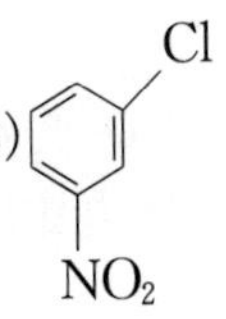

(4) 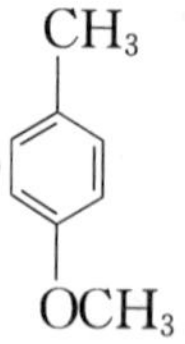 对甲基苯甲醚（CH₃—⬡—OCH₃）　(5) 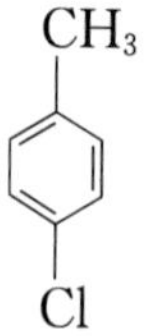 对甲基氯苯（CH₃—⬡—Cl）　(6) 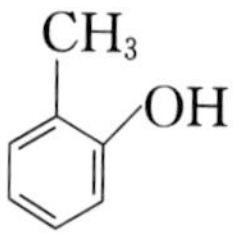 邻甲基苯酚（CH₃、OH）

解　二取代苯的定位规则：

规则 1：如果两个基团的定位作用一致，可从任一基团的定位作用得出二取代苯的定位作用。

规则 2：如果邻、对位定位基和间位定位基的定位作用不一致，二取代苯的定位作用由邻、对位定位基决定。

规则 3：当强的致活基团与弱的致活基团相互竞争时，由强的致活基团决定定位。

规则 4：当两个弱的致活基团或致钝基团，或者两个强的致活基团或致钝基团相互竞争时，得到两种异构体的量很大，都不占优势。

规则 5：由于空间位阻，取代很少发生在处于间位的两取代基之间的位置。

规则 6：取代很少发生在体积较大的邻、对位定位基(如叔丁基)的邻位。

(1) 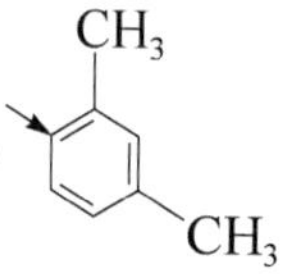 规则 1　(2) 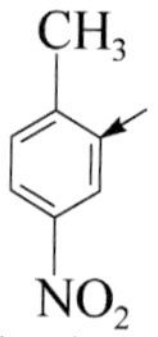 规则 1　(3)  主要 规则 2

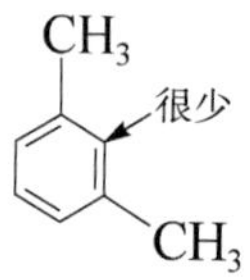

(4) 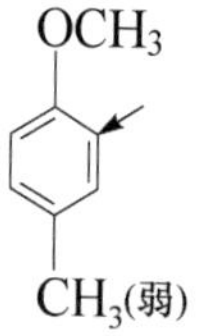 规则 3　(5) 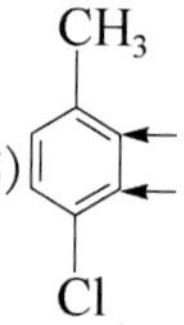 规则 4　(6) 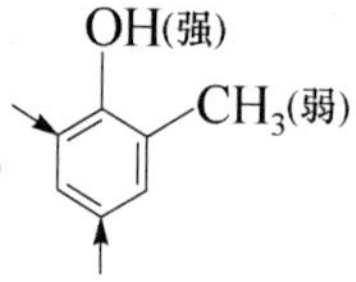 规则 3

4. 比较下列化合物进行硝化反应的活性次序。

(1) A. 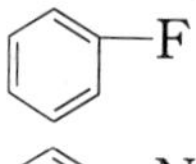 ⬡—F　B. 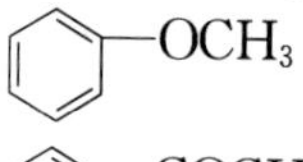 ⬡—OCH₃　C. 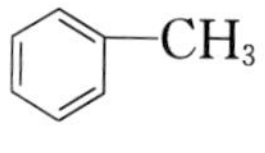 ⬡—CH₃

　　D. 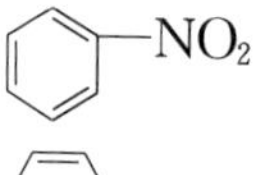 ⬡—NO₂　E. 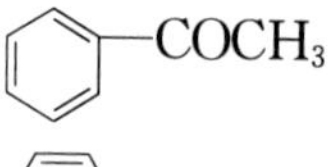 ⬡—COCH₃

(2) A. 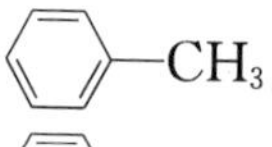 ⬡—CH₃　B. 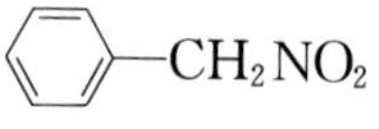 ⬡—CH₂NO₂　C. 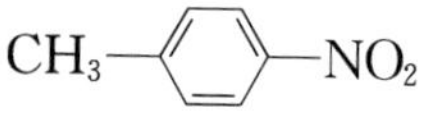 CH₃—⬡—NO₂

　　D. 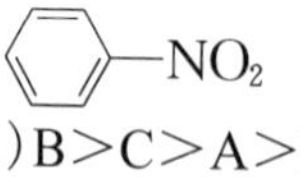 ⬡—NO₂

解　(1) B＞C＞A＞E＞D。

因为—OCH₃、—CH₃ 为致活的定位基，亲电取代反应比苯快，且前者作用大于后者；—F、—COCH₃ 和—NO₂ 为致钝基团，且三者作用强度逐渐加强(F 因为同时存在给电子的 p-π 共轭效应，所以比后两者的吸电子作用弱)。

(2) A＞B＞C＞D。

因为硝基为吸电子基，甲基为给电子基。B 中—NO₂ 对苯环的作用为吸电子诱导效应，比 C、D 中硝基对苯环的共轭吸电子作用弱得多。

5. 某芳烃 A，分子式为 C_9H_8，与[Cu(NH$_3$)$_2$]Cl 水溶液反应生成红色沉淀，在温和条件下，A 用 Pd/C 催化加氢得 B，分子式为 C_9H_{12}。B 经酸性 KMnO$_4$ 氧化生成酸性物质 C，分子式为 $C_8H_6O_4$，C 经加热失水得 D，分子式为 $C_8H_4O_3$，A 与丁-1,3-二烯反应得化合物 E，分子式为 $C_{13}H_{14}$，E 在 Pd/C 催化下脱氢得 2-甲基联苯，试推测 A～E 的结构式，并写出有关反应式。

解 A 的不饱和度为 $(2×9+2-8)/2=6$，分子内可能含苯环，除去苯环 4 个不饱和度，还有 2 个不饱和度，可能含炔键或两个烯键，或相应的碳环。与[Cu(NH$_3$)$_2$]Cl 水溶液反应生成红色沉淀，说明分子内具有—C≡CH 基团，从 B 和 C 的反应可知 A 为邻二取代苯，因此 A 为

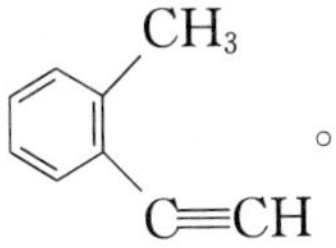

。有关反应式如下：

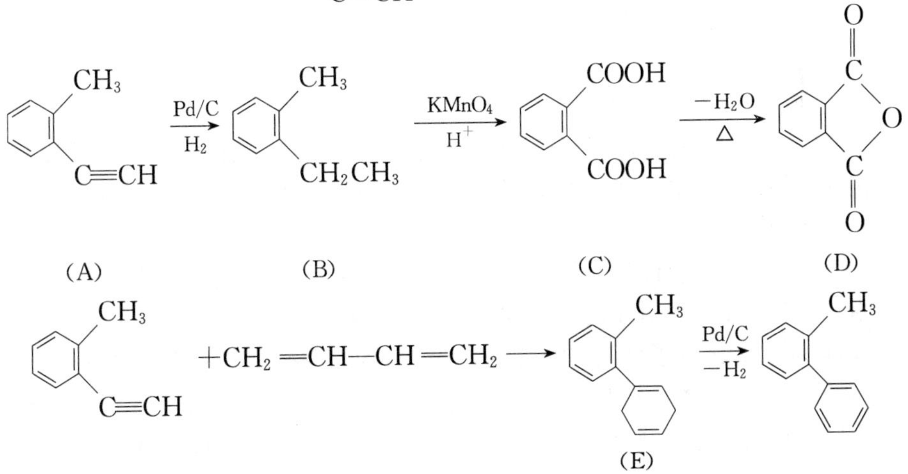

第7章 对映异构

7.1 知识要点

7.1.1 名词与概念

(1)立体异构。在有相同分子式的化合物分子中,原子或基团互相连接的次序相同,但在空间的排列方式不同。

(2)偏振光。只在一个平面上振动的光称为偏振光。

(3)旋光性物质。在偏振光通过某物质或它的溶液时,能使偏振光的振动平面发生旋转的性质称为旋光性,具有旋光性的物质称为旋光性物质。

(4)手性分子。物质的分子与其镜像不能完全重叠,它们之间相当于左手和右手的关系,将这种特征称为物质的手性。具有手性的分子称为手性分子,手性分子具有旋光性,具有旋光性的分子一定是手性分子。

(5)手性碳原子。连有四个不同原子或基团的碳原子,称为手性碳原子或不对称碳原子,用"C*"表示,是分子的不对称中心或手性中心。

(6)对称面。能将分子分成实物与镜像两部分的平面称为分子的对称面。

(7)对称中心。从分子中任何一原子或基团向分子的中心连线,延长此连线至等距离处,若出现相同的原子或基团,该点称为分子的对称中心。对称面和对称中心统称对称因素。

(8)外消旋体。等量对映体的混合物称为外消旋体,通常用"±"表示。外消旋体无旋光性,外消旋体与其左、右旋体的物理性质有差异,但化学性质基本相同。

(9)内消旋体。如果分子有两个或两个以上手性中心(手性碳原子),并有一个内在的对称面,这个分子称为内消旋体,它不具有旋光性。

(10)对映体和非对映体。彼此呈实物与镜像的对映关系,但又不能完全重叠的一对立体异构体称为对映异构体,简称对映体。分子有手性,就存在对映异构体。对映异构体的物理性质和化学性质一般都相同,比旋光度相等,但旋光方向相反;不互为物像关系的旋光异构体称为非对映体。非对映体与对映体不同,非对映体之间的比旋光度大小和方向都无规律性联系,其他物理常数,如熔点、沸点、折射率、标准自由能都可能不同。

7.1.2 构型表示的方法

表示旋光异构体构型的方法有模型、透视式和投影式。投影式除纽曼投影式外,使用最方便的就是费歇尔投影式。掌握费歇尔投影式的关键是明确手性碳原子的四个化学键的伸展方向，清楚四个化学键的排布顺序。横键是侧向前伸展，而竖键是斜向后伸展。投影式可以进行等构型变换。在纸面上旋转180°或同一手性的原子或基团交换偶数次时，其构型不变。当离开纸面翻转或在纸面上旋转90°的奇数倍时，或同一手性的原子或基团交换奇数次时，得到的构型与原构型相反。

7.1.3 只含一个手性碳原子化合物的旋光异构与构型标记的方法

1）R、S法

R、S法是使用更加广泛的手性碳标记方法，其方法如下：

(1)将手性碳原子上4个不同基团按顺序规则从大到小排队(排序规则见第3章烯烃顺反异构)。

(2)从远离最小基团的方向观察分子(最小基团多数为氢原子)，观察手性碳原子上的其余3个基团，若这3个基团从大到小按顺时针方向排列，构型是 R；按逆时针方向排列，构型是 S。当表示费歇尔投影式时，确定方法：①当手性碳原子上的氢或最小基团位于竖键上，其余3个基团由大到小的排列顺序为顺时针，则此手性碳原子为 R 构型，若为逆时针，则为 S 构型；②若氢或最小基团位于横键上，则其余3个基团从大到小排列，若为顺时针则为 S 构型，若为逆时针则为 R 构型。

2）D、L法

D、L法是人为规定的以甘油醛为参照物的标记手性碳的方法。当远离醛基的手性碳原子上的—OH 投影在右侧(规范式投影式)为 D 型，投影在左侧的为 L 型。

7.1.4 含两个手性碳原子化合物的旋光异构

(1)含两个不相同手性碳原子化合物的旋光异构。共有四个旋光异构体(两对对映体)。两对对映体之间，由于不呈实物与镜像关系，是非对映的，互为非对映异构体。

(2)含两个相同手性碳原子化合物的旋光异构。若分子有两个相同的手性中心(手性碳原子)，有一个内在的对称面，两个对映体能重叠，是同一化合物，这个分子则为内消旋体，它不具有旋光性。

7.1.5 不含手性碳原子化合物的旋光异构

不含手性碳原子但具有手性的物质也具有一对对映异构体。不含手性碳原子的旋光活性物质有丙二烯型、联苯型和一些更复杂(如手把型)的不对称化合物。另外，含手性硅、手性氮、手性磷的化合物也具有旋光活性。

7.2 单 元 练 习

1. 回答下列问题。

(1)分子具有旋光性的充分必要条件是什么？

(2)含手性碳原子的化合物是否一定有旋光异构体？含手性碳原子的化合物是否一定具有旋光性？举例说明。

(3)有旋光性是否一定具有手性？

(4)有手性是否一定有手性碳原子？

2. 命名下列化合物，指出下列化合物中手性碳原子的构型，用 R、S 标记。

$$(1)\ C_2H_5 \overset{H}{\underset{Br}{\underset{|}{\overset{|}{-}}}} C(CH_3)_3 \qquad (2)\ CH_2=CH \overset{OH}{\underset{CH_3}{\underset{|}{\overset{|}{-}}}} H$$

$$(3)\quad \begin{array}{c} CH_3 \\ H \overset{|}{-} Cl \\ CH_3 \overset{|}{-} H \\ Cl \end{array} \qquad (4)\ HC\equiv C \overset{CHO}{\underset{CH_3}{\underset{|}{\overset{|}{-}}}} H$$

3. 化合物 ⟨苯环⟩—CHCl—CH(Cl)—⟨环己烷⟩—Cl 中有几个手性碳原子？有几个旋光异构体？用费歇尔投影式表示这些旋光异构体，并指出哪些互为对映体，哪些互为非对映体。

4. 化合物 A 分子式为 C_6H_{10}，有光学活性，与银氨配离子反应产生沉淀。A 经催化氢化后的分子式为 C_6H_{14}，指出 A 的结构式。

5. 化合物 A 分子式为 $C_{20}H_{24}$，能使溴的四氯化碳溶液褪色。A 经 O_3、Zn/H_2O 作用只得到一种醛(4-苯基丁醛)，A 与溴发生加成反应得到的是内消旋体 B，写出 A、B 的构型式及可能的反应式。

7.3　典型题精解

1. 用费歇尔投影式画出下列化合物的构型式。

(1) (R)-丁-2-醇　　　(2) (E)-4-溴-2-氯戊-2-烯　　　(3)内消旋-3,4-二硝基己烷

解　解答此类题目需熟练掌握费歇尔投影式的应用规则及 R、S 的命名法则。

(1)主要考查费歇尔投影式的应用规则及 R、S 的命名法，—OH＞—C_2H_5＞—CH_3＞—H，书写费歇尔投影式时将 H 放在竖位，其他三个基团按大小顺序顺时针排列。

(2)需要掌握烯烃的 Z、E 命名法则，—Cl＞—CH_3，—C＞—H，而费歇尔投影式则按上述规则予以书写。

(3)按照普通命名法则书写后，注意分子内应具有对称面，因此两个硝基应处于费歇尔投影式同侧。

$$(1)\quad C_2H_5 \overset{H}{\underset{OH}{\underset{|}{\overset{|}{-}}}} CH_3 \qquad (2)\quad \begin{array}{c} H \qquad\quad Cl \\ C=C \\ CH_3CH \quad CH_3 \\ | \\ Br \end{array} \qquad (3)\quad \begin{array}{c} CH_2CH_3 \\ H \overset{|}{-} NO_2 \\ H \overset{|}{-} NO_2 \\ CH_2CH_3 \end{array}$$

2. 下列各对化合物哪些属于对映体、非对映体、顺反异构体、构造异构体或同一化合物?

(1) 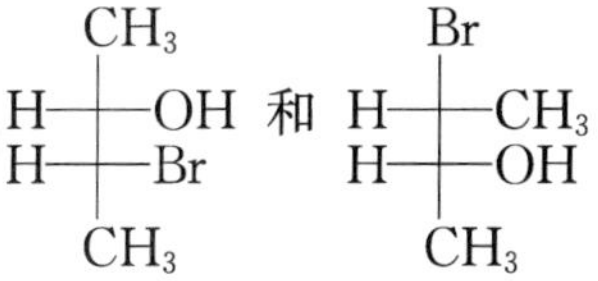
$$\begin{array}{c}CH_3\\H-\!\!\!-OH\\H-\!\!\!-Br\\CH_3\end{array}\quad\text{和}\quad\begin{array}{c}Br\\H-\!\!\!-CH_3\\H-\!\!\!-OH\\CH_3\end{array}$$

(2)  □ 和 △—CH₃

(3)

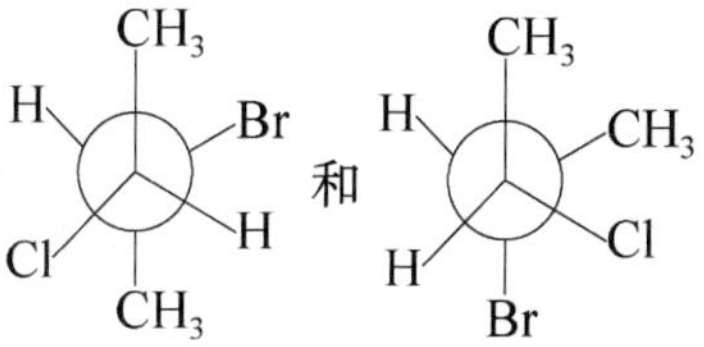

(4) 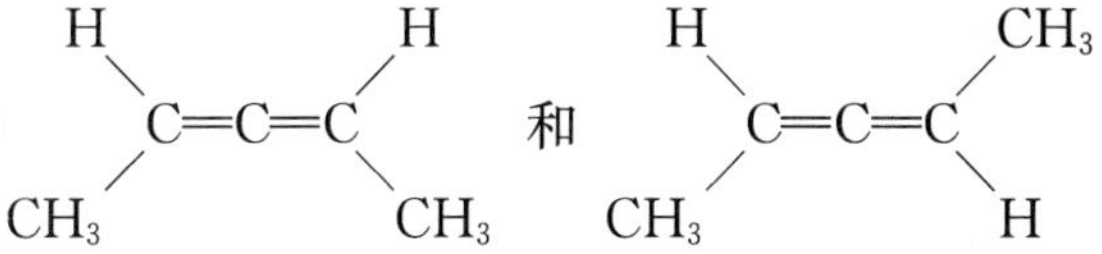
$$\begin{array}{c}H\\C=C=C\\CH_3\end{array}\begin{array}{c}H\\CH_3\end{array}\quad\text{和}\quad\begin{array}{c}H\\C=C=C\\CH_3\end{array}\begin{array}{c}CH_3\\H\end{array}$$

(5)

(6)

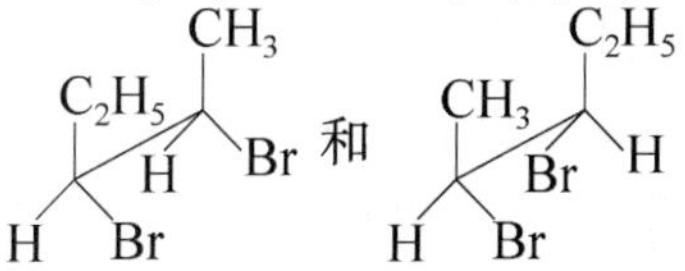

(7)

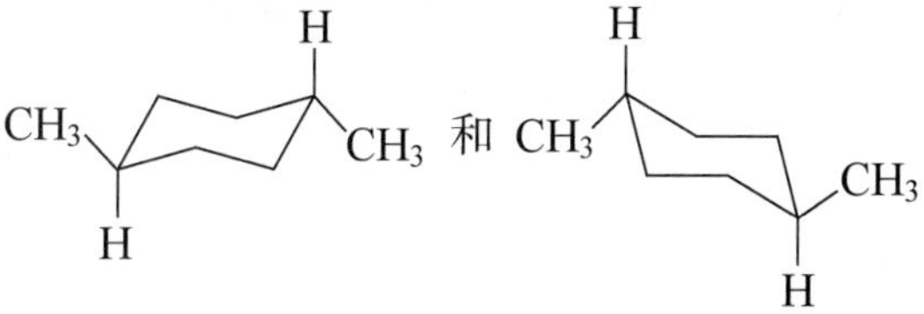

解　(1)这对化合物为旋光异构体,并且没有实物与镜像的对映关系,因此为非对映体(SR 和 RR)。

(2)这对化合物一个为环丁烷,一个为甲基环丙烷,属于构造异构中的碳架异构,因此为构造异构体(同分异构体)。

(3)这对化合物右边碳链旋转,则与左边化合物互为实物与镜像的对映关系,因此为对映体。

(4)这对化合物具有实物与镜像的对映关系,因此为对映体。

(5)这对化合物属于立体异构中的顺反异构,因此互为顺反异构体。

(6)这对化合物为异构体,并且没有实物与镜像的对映关系,因此为非对映体。

(7)这对化合物旋转一定角度可以互相重合,并且化合物具有对称面,因此为同一化合物。

3. 命名下列化合物。

$$
\begin{array}{c}
CH=\!\!=CH_2\\
(1)\ H\!-\!\!-\!Cl\\
C_2H_5
\end{array}
\qquad\qquad
\begin{array}{c}
CH_3\\
(2)\ H\!-\!\!\!\begin{array}{c}H\\[-2pt]-\end{array}\!\!\!-CH_2Cl\\
-Cl\\
C_2H_5
\end{array}
$$

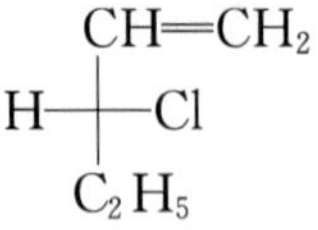

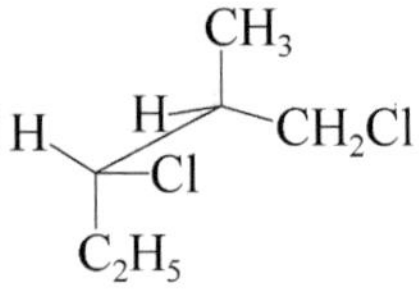

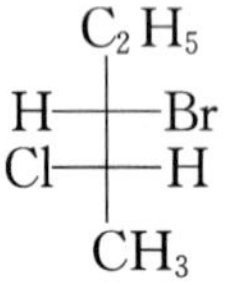

$$
\begin{array}{c}
C_2H_5\\
(3)\ H\!-\!\!-\!Br\\
Cl\!-\!\!-\!H\\
CH_3
\end{array}
\qquad\qquad
\begin{array}{c}
CH_3\\
H\!-\!\!-\!Cl\\
(4)\ H\!-\!\!-\!Br\\
H\!-\!\!-\!Br\\
C_2H_5
\end{array}
$$

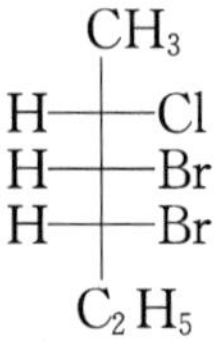

解　(1) 该化合物首先按照系统命名法为 3-氯戊-1-烯，根据费歇尔投影式的应用规则及 R、S 的命名法则，—Cl>—CH=CH$_2$>—C$_2$H$_5$>H，基团从大到小为逆时针方向，并且 H 处在横键位置，因此化合物为 R 构型，整个化合物命名为 3R-3-氯戊-1-烯。

(2) 首先转化为费歇尔投影式，再根据系统命名法和 R、S 的命名法则，命名为(2S, 3R)-1,3-二氯-2-甲基戊烷。

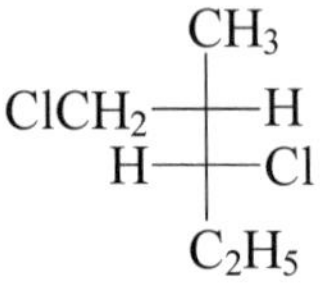

$$
\begin{array}{c}
CH_3\\
ClCH_2\!-\!\!-\!H\\
H\!-\!\!-\!Cl\\
C_2H_5
\end{array}
$$

(3) 根据系统命名法和 R、S 的命名法则，将该化合物命名为(2S, 3S)-3-溴-2-氯戊烷。

(4) 该化合物有三个手性中心。首先根据系统命名法命名该化合物为 3,4-二溴-2-氯己烷，然后根据 R、S 命名法则依次判断 C$_2$、C$_3$、C$_4$ 分别为 S(基团大小顺序为顺时针，—Cl>C$_3$>C$_1$，H 在横键位置)，S(基团大小顺序为顺时针，H 在横键位置)，R(基团大小顺序为逆时针，H 在横键位置)构型，命名为(2S, 3S, 4R)-3, 4-二溴-2-氯己烷。

第8章 卤代烃

8.1 知识要点

8.1.1 卤代烃的命名

(1) 普通命名法。卤(代)某烃或某基卤。

(2) 系统命名。①选母体：选最长碳链的烃作母体，将 X(卤素)和烃中的支链一样作为取代基来命名；②编号：根据最低序列原则将主链编号；③配基：按取代基英文首字母顺序先后列出。

8.1.2 卤代烃的化学性质

1) 亲核取代反应

由亲核试剂进攻带部分正电荷的碳原子引起的取代反应，称为亲核取代反应，以 S_N 表示。亲核试剂有 RO—、OH—、CN—、ROH、H_2O、NH_3 等。S_N 有两种机理，即单分子亲核取代反应 S_N1 和双分子亲核取代反应 S_N2。

S_N1 的过程分为两步：第一步，反应物发生键裂(电离)，生成活性中间体碳正离子；第二步，碳正离子迅速与试剂结合成为产物。总的反应速率只与反应物浓度成正比，而与试剂浓度无关。S_N2 为旧键断裂和新键形成同时发生的协同过程。反应速率与反应物浓度和试剂浓度都成正比。相对稳定的碳正离子和离去基团的反应物容易发生 S_N1，中心碳原子空间阻碍小的反应物容易发生 S_N2。若亲核试剂呈碱性，则亲核取代反应常伴有消除反应，两者的比例取决于反应物结构、试剂性质和反应条件。低温和碱性弱对 S_N 取代有利。S_N2 反应所得产物发生构型翻转，S_N1 反应则得到"外消旋化"产物(构型翻转和构型保持各占一半)。

2) 消除反应

从有机分子中除去一个小分子(如 HX、H_2O 等)的反应，称为消除反应，常用 E 表示。卤代烃的消除反应中，由于反应除去的是 β-碳上的 H，故这种消除反应又称 β-消除反应。卤代烃脱卤化氢时，氢原子主要从含氢最少的 β-碳原子脱去，生成双键碳原子上烃基最多的烯烃，即札依采夫(Saytzeff)规则。

3) 与金属的反应

卤代烃在无水乙醚中可与金属(如 Li、Na、K、Mg、Al、Cd 等)作用。其中与金属镁(Mg)生成烃基卤化镁(RMgX)，又称格氏(Grignard)试剂。C—Mg 键极性较强，故性质活泼，C 原子具有很强的亲核性，易发生多种反应，是有机合成中最重要的试剂之一，可增长碳链。须注意的是格氏试剂的制备应避开带有活泼氢的物质。

8.1.3 卤代烃化学结构与活性的关系

(1)考虑卤原子的影响，卤代烃的反应活性顺序为 RI＞RBr＞RCl。

(2)考虑烃基结构的影响。卤代烃反应活性顺序通常是：烯丙型和苄型＞孤立型和饱和型＞乙烯型和苯型。孤立型卤代烃和饱和卤代烃活性类似，通常是叔卤代烃＞仲卤代烃＞伯卤代烃。

根据结构与活性的关系，可以利用不同结构卤代烃与硝酸银醇溶液的反应生成卤化银沉淀的速率不同，来鉴别不同的卤代烃。

$$RX + AgNO_3 \xrightarrow{C_2H_5OH} RONO_2 + AgX\downarrow$$

烯丙型和苄型卤代烃、叔卤代烃和一般碘代烃在室温下就能迅速生成卤化银沉淀，伯、仲氯或溴代烃在加热下才能反应，乙烯型和苯型卤代烃即使加热也不发生反应。

8.2　单元练习

1. 用系统命名法命名下列各化合物。

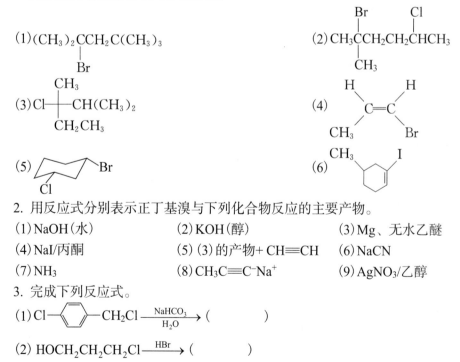

(1) $(CH_3)_2CCH_2C(CH_3)_3$
　　　　　|
　　　　Br

(2) $CH_3CHCH_2CH_2CHCH_3$ （带 Br、Cl、CH$_3$ 取代基）

　　　　CH$_3$
　　　　|
(3) $Cl—C—CH(CH_3)_2$
　　　　|
　　　CH$_2$CH$_3$

(4) 乙烯型结构 H、H、CH$_3$、Br

(5) 环己烷带 Br、Cl 取代

(6) 环己烯带 CH$_3$、I 取代

2. 用反应式分别表示正丁基溴与下列化合物反应的主要产物。

(1)NaOH(水)　　　　　(2)KOH(醇)　　　　　(3)Mg、无水乙醚

(4)NaI/丙酮　　　　　(5)(3)的产物+ CH≡CH　　(6)NaCN

(7)NH$_3$　　　　　　　(8)CH$_3$C≡C$^-$Na$^+$　　　　(9)AgNO$_3$/乙醇

3. 完成下列反应式。

(1) $Cl—\!\bigcirc\!—CH_2Cl \xrightarrow[H_2O]{NaHCO_3} ($　　　　　$)$

(2) $HOCH_2CH_2CH_2Cl \xrightarrow{HBr} ($　　　　$)$

(3) $HOCH_2CH_2CH_2Cl \xrightarrow[\text{丙酮}]{KI} ($　　　　$)$

(4) $CH_3—\!\bigcirc\!—Br \xrightarrow[\text{无水乙醚}]{Mg} ($　　　　$) \xrightarrow{C_2H_5OH} ($　　　　$)$

(5) C₆H₅—CH₂CH₂Br $\xrightarrow[\text{乙醇},\triangle]{\text{NaOH}}$ (　　　　) $\xrightarrow[\text{H}_2\text{O}]{\text{H}^+}$ (　　　　)

(6) 邻-CH=CHBr, CH₂Cl 苯 $\xrightarrow{\text{KCN}}$ (　　　　)

(7) CH₃C≡CH + CH₃CH₂MgCl $\xrightarrow{\text{无水乙醚}}$ (　　　　) + (　　　　)

(8) 1-甲基环己烯 $\xrightarrow{\text{Br}_2}$ (　　　　) $\xrightarrow[\text{乙醇},\triangle]{\text{NaOH}}$ (　　　　) $\xrightarrow{\text{顺丁烯二酸酐}}$ (　　　　)

(9) CH₃CH₂CH₂C(Br)(CH₃)CH₃ $\xrightarrow[\text{乙醇},\triangle]{\text{NaOH}}$ (　　　　)

(10) C₆H₅—CH₂CH(Cl)CH(CH₃)CH₃ $\xrightarrow[\text{乙醇},\triangle]{\text{NaOH}}$ (　　　　)

4. 写出下列化合物在浓 KOH 醇溶液中脱卤化氢的反应式,并比较反应速率的快慢。

(1) 3-溴环己烯　　　　　　(2) 5-溴环己-1, 3-二烯　　　　　　(3) 4-溴环己烯

5. 完成下列转化(其他试剂任选)。

(1) CH₃CH=CH₂ ⟶ CH₂(Br)CH(Br)CH₂OH, CH₂=CHCH₂I, CH₃CH(D)CH₃

(2) 〔戊烯〕 ⟶ 〔戊基〕CN

(3) 〔环戊二烯〕 ⟶ 〔降冰片烯〕CH₂CN

8.3　典型题精解

1. 按与硝酸银-乙醇(S_N1)反应活性顺序排列下面化合物。

(1) C₆H₅CH₂Br　　　　　(2) C₂H₅—C₆H₄—CH₂Br　　　　　(3) CH₃CH₂CH₂Br

(4) CH₃CH₂CHBrCH₃　　　(5) 环己基-Br　　　(6) 环丙基-Br

解　S_N1 为单分子亲核取代反应, 反应活性和速率主要是考虑碳正离子生成的难易和它们的稳定性, 对于不同类型的反应底物, 其 S_N1 反应活性顺序为烯丙基卤代烃、叔卤代烃＞仲卤代烃＞伯卤代烃＞桥头环卤代烷烃, 而对于苄型卤代烃, 苯环上连有给电子基团有利于碳正离子的生成, 对于环烷烃, 则环张力越大, 碳正离子越不易生成, 因此正确答案应为(2)＞(1)＞(4)＞(3)＞(6)＞(5)。

2. 用简便化学方法鉴别下列几组化合物。

3-溴环己烯、氯代环己烷、碘代环己烷、甲苯、环己烷

解　本题主要考查各类卤代烃(不同烃基结构及不同卤素种类)发生亲核取代反应的活性差别。烯丙基卤代烃及碘代烃的活性较高，室温下也能快速沉淀。另外，芳烃侧链容易被 $KMnO_4$ 氧化，出现褪色现象，但是环己烷对氧化剂很稳定。因此，本题可以先选用 $AgNO_3$ 的醇溶液鉴别三种卤代烃，再用酸性 $KMnO_4$ 区分甲苯与环己烷。步骤如下：

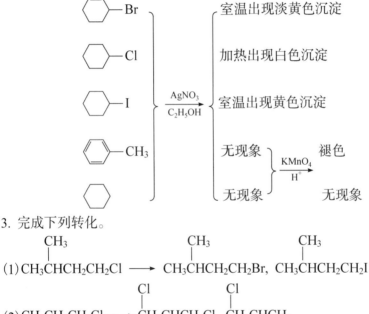

3. 完成下列转化。

(1) $\underset{\overset{|}{CH_3}}{CH_3CHCH_2CH_2Cl} \longrightarrow \underset{\overset{|}{CH_3}}{CH_3CHCH_2CH_2Br},\ \underset{\overset{|}{CH_3}}{CH_3CHCH_2CH_2I}$

(2) $CH_3CH_2CH_2Cl \longrightarrow \underset{\overset{|}{OH}}{CH_2CHCH_2Cl},\ \underset{\overset{|}{OH}}{CH_2CHCH_3}$ （上方各带 Cl）

(3) 环己基—OH $\longrightarrow$ 环己基—CH_3

(4) 溴代环戊烯 $\longrightarrow$ 甲基环戊烯

(5) $CH_3CH_2CH_2Br \longrightarrow CH_3CH_2CH_2CH_2CH_2CH_3,\ CH_3CH_2CH_2D,\ CH_3CH_2CH_2\overset{\overset{O}{\|}}{C}CH_3$

解　(1) 该题涉及各卤代烃的转化，利用 NaCl 和 NaBr 不溶于丙酮而沉淀出来，可以通过卤素交换反应，将氯代烃、溴代烃转化为碘代烃。溴代烃可以通过生成烯烃再与 HBr 发生亲电加成获得，合成方法如下：

$$(CH_3)_2CHCH_2CH_2Cl \xrightarrow[C_2H_5OH]{NaOH} (CH_3)_2CHCH=CH_2 \xrightarrow[ROOR]{HBr} (CH_3)_2CHCH_2CH_2Br$$

$$(CH_3)_2CHCH_2CH_2Cl \xrightarrow{NaI(丙酮)} (CH_3)_2CHCH_2CH_2I$$

(2) 产物为邻卤代醇，此类产物可以通过烯烃的 α-卤代及亲电加成反应来实现。

$$CH_3CH_2CH_2Cl \xrightarrow[C_2H_5OH]{NaOH} CH_3CH = CH_2 \xrightarrow[H_2O]{Cl_2} \underset{OH}{\overset{Cl}{CH_2CHCH_3}}$$

$$\downarrow Cl_2/h\nu$$

$$ClCH_2CH = CH_2 \xrightarrow[H_2O]{Cl_2} \underset{OH}{\overset{Cl}{CH_2CHCH_2Cl}}$$

(3)仔细对比原料和产物,发现碳架上增加了一个甲基,因此在合成中需要用到一些碳链增加的反应,如格氏试剂与活泼的卤代烃偶联或二烃基铜锂试剂与卤代烃的偶联等,而卤代物、酮都可以由醇转化得到,具体反应步骤如下:

(4)原料是一种活泼的烯丙基卤代烃,可以直接与格氏试剂偶联反应获得:

(5)第一个产物是比原料增加了 3 个碳的直链烷烃,可以利用伍兹(Wurtz)反应来制备;第二个产物为氘代丙烷,可以用格氏试剂与 D_2O 或 $LiAlD_4$ 来制备;第三个产物是比原料增加了 2 个碳的甲基酮,可以由仲醇氧化或末端炔的水解获得:

$$2CH_3CH_2CH_2Br \xrightarrow{Na} CH_3CH_2CH_2CH_2CH_2CH_3$$

$$CH_3CH_2CH_2Br \xrightarrow[\text{无水乙醚}]{Mg} CH_3CH_2CH_2MgBr \xrightarrow{D_2O} CH_3CH_2CH_2D$$

$$CH_3CH_2CH_2Br \xrightarrow{HC≡CNa} CH_3CH_2CH_2C≡CH \xrightarrow[H_2O]{HgSO_4/H_2SO_4} CH_3CH_2CH_2\overset{O}{\overset{||}{C}}CH_3$$

或者

$$CH_3CH_2CH_2Br \xrightarrow[\text{无水乙醚}]{Mg} CH_3CH_2CH_2MgBr \xrightarrow{CH_3CHO} \xrightarrow[H_2O]{H^+} CH_3CH_2CH_2\underset{OH}{CHCH_3}$$

$$\xrightarrow{CrO_3/吡啶} CH_3CH_2CH_2\overset{O}{\overset{||}{C}}CH_3$$

4. 以溴代丁烷为原料(其他试剂任选)制备下列化合物。

(1)丁-1-醇　　(2)丁-2-醇　　(3)1,1,2,2-四溴丁烷

解　第(1)小题比较简单,通过碱性水解就可以得到;第(2)小题则需要先转化为烯烃再水解制得;第(3)小题同样需要先转化为烯烃,再与溴加成得到邻二溴代烃,消除后转化为炔烃,具体反应步骤如下:

(1)

(2) $\diagdown\diagup$Br $\xrightarrow[\text{C}_2\text{H}_5\text{OH}]{\text{NaOH}}$ $\diagup\diagdown$ $\xrightarrow[\text{H}_2\text{O}]{\text{H}^+}$

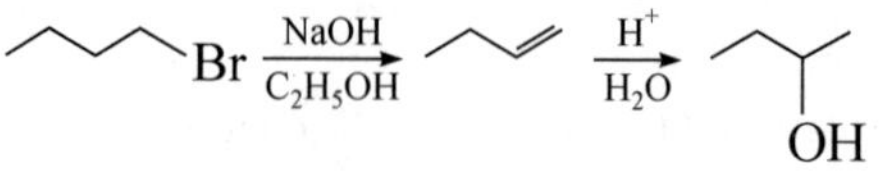

OH

(3) $\diagdown\diagup$Br $\xrightarrow[\text{C}_2\text{H}_5\text{OH}]{\text{NaOH}}$ $\diagdown\diagup$ $\xrightarrow{\text{Br}_2}$ $\diagdown\diagup$Br $\xrightarrow[\triangle]{\text{NaNH}_2}$ $\equiv$ $\xrightarrow{2\text{Br}_2}$

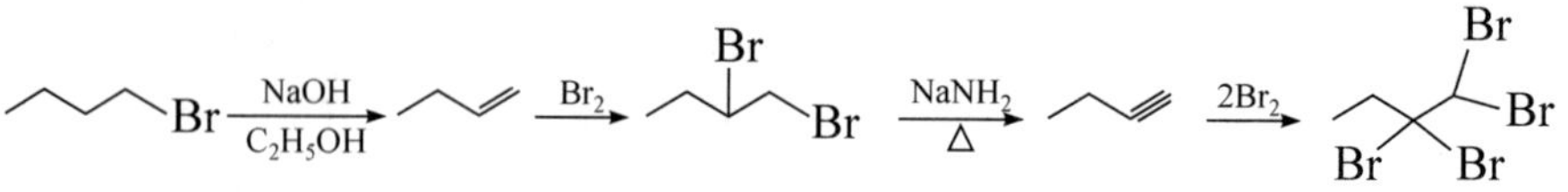

Br Br Br Br

第9章 醇、酚、醚

9.1 知 识 要 点

9.1.1 醇

1) 命名

根据—OH 所结合的碳原子的类别，醇可分为伯醇、仲醇和叔醇；根据—OH 结合的烃基可分为脂肪醇、脂环醇、芳香醇；根据分子中—OH 数目可分为一元醇和多元醇；还可以根据烃基分为饱和醇、不饱和醇。结构复杂的醇用系统命名法：选取含—OH 在内的最长碳链为主链，编号从离—OH 最近的一端开始，先命名取代基，根据主链碳原子个数称为某醇，在"醇"字前标出—OH 位次。对于不饱和醇，若不饱和键不包含在最长碳链中，则不饱和键作为取代基命名。若不饱和键包含在最长碳链中，还应标出不饱和键的位次，构型放在最前面。

2) 化学性质

包括 O—H 断裂，C—O 断裂，氧化。

(1) 醇与活泼金属的反应。醇与水相似，也能与活泼金属，如钠、钾、镁等反应生成醇的金属化合物并放出氢气。各类醇与金属钠反应活性次序是甲醇＞伯醇＞仲醇＞叔醇。

(2) 醇与卤化氢的反应。醇中的羟基易被卤原子取代，生成卤代烃和水，这是制备卤代烷的一种重要方法。醇和 HX 反应的速率与 HX 的类型及醇的结构有关。HX 的反应活性次序：HI＞HBr＞HCl。ROH 的反应活性次序：烯丙基醇、苄醇＞叔醇＞仲醇＞伯醇。

在实验室里常利用卢卡斯(Lucas)试剂(无水氯化锌和浓盐酸配成的溶液)来鉴别低级(6 个碳以下)的醇。将卢卡斯试剂加入醇中，可以从生成卤代烃(出现浑浊)的快慢区别伯、仲、叔醇。叔醇与卢卡斯试剂在室温下立即反应，迅速出现浑浊、分层现象；仲醇与卢卡斯试剂在室温下缓慢反应，几分钟之后才出现浑浊、分层现象。伯醇与卢卡斯试剂在室温下不反应，要在加热条件下才缓慢出现浑浊、分层现象。

(3) 醇与三卤化磷的反应。醇与三溴化磷或三碘化磷反应，醇的羟基可被溴或碘取代，生成相应的卤代烃。用这个方法制备卤代烃，很少发生分子重排。

(4) 脱水反应，包括分子间脱水和分子内脱水。醇在较低温度下发生分子间脱水，生成醚。在较高温度下，醇主要是分子内脱水，生成烯烃。伯、仲、叔醇脱水的难易程度是：叔醇＞仲醇＞伯醇。叔醇容易发生分子内脱水生成烯，而难以得到醚。醇进行分子内脱水时符合札依采夫规则。

(5) 酯化反应。醇与酸(包括无机酸和有机酸)作用生成酯的反应称为酯化反应。酯化反应是可逆的。

(6)氧化反应，包括加氧氧化和脱氢氧化。用铬酸作氧化剂时，Cr^{6+}为棕红色，酸性重铬酸钾溶液为橙红色，反应后生成的 Cr^{3+} 是绿色，所以可以利用叔醇不被重铬酸钾溶液氧化的性质，将叔醇与伯醇或仲醇定性鉴别开。另外，伯醇、仲醇在数秒钟内即起反应，C=C、C≡C 与铬酸反应较慢，不能很快观察到颜色变化，故可用于醇与烯、炔的鉴别。伯醇和仲醇蒸气在高温下，通过催化剂可脱氢生成醛或酮。

9.1.2　酚

1)命名

酚的命名是在芳香烃基的后面加"酚"字。苯酚的编号从—OH 所在的 C 开始，萘酚则采用萘环的特殊编号，从—OH 最近的 α-位开始，萘-1-酚可省略"-1-"。多元酚必须标出每个—OH 的位置，当有更优官能团时，—OH 作取代基命名。

2)化学性质

(1)酸性。酸性强度一般顺序为 H_2CO_3＞酚＞H_2O＞醇。当芳环上有吸电子基时酚的酸性增强，有给电子基时酸性减弱。

(2)与三氯化铁的显色反应。大多数酚与三氯化铁反应都能生成有色物质，此反应常用来区别酚类化合物。含有烯醇型结构(—\)的化合物都能发生此反应。

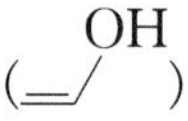

(3)芳环上的亲电取代反应，包括卤代、硝化、磺化。羟基是一个很强的使芳环活化的邻、对位定位基，因此酚比苯更容易进行卤代、硝化、磺化等取代反应，生成邻、对位取代物，还可生成多元取代物。

(4)氧化反应。酚易被氧化，空气中的氧即可将酚氧化，生成红色至褐色的化合物。与强氧化剂作用，则生成对苯醌。

9.1.3　醚

1)命名

氧原子与两个相同的烃基结合的醚称为单醚，烃基不相同时称为混合醚。命名时根据两个烃基称为某某醚，单醚直接称为某醚。混合醚命名时，须在"醚"字前面将两个烃基按它们英文名称第一个字母的顺序先后列出。环醚通常用氧杂某烷命名，编号从氧原子开始(有些常见的环醚，如环氧乙烷、四氢呋喃、四氢吡喃也可以直接作为母体命名)。

2)化学性质

(1)镁盐的生成。醚分子中氧原子上有未共用电子对，它是一个路易斯碱，在常温下能接受强酸(H_2SO_4、HCl 等)中的质子生成镁盐。醚的镁盐不稳定，温度稍高或用水稀释便立即析出原来的醚。利用这一性质，可以分离醚与卤代烃或烷烃的混合物。

(2)醚键的断裂。混合醚与氢碘酸作用时，一般是较小的烃基生成碘代烷(S_N2)，较大的烃基生成醇。若有一侧烃基结构比较利于 S_N1 历程，如叔丁基，则主要在这一侧先发生 C—O 键断裂后，C⁺与 I⁻结合得到高级的碘代烷。生成的醇可进一步与氢碘酸作用生成碘代烷。若其中一个是芳基时，则反应生成碘代烷和酚。

(3) 威廉逊(Williamson)法合成醚。威廉逊合成是制备混合醚的一个重要方法，主要用伯卤代烷与醇钠或酚钠进行亲核取代反应制得。

$$RX + NaOR' \longrightarrow R—O—R' + NaX$$

$$RX + NaOAr \longrightarrow R—O—Ar + NaX$$

9.2　单　元　练　习

1. 写出下列化合物的名称或结构式。

(1) 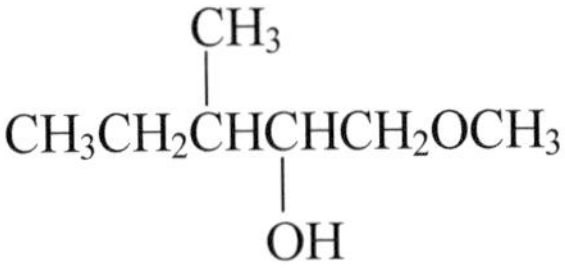 CH₃CH₂CHCHCH₂OCH₃（CH₃ 在上，OH 在下）

(2) (E)-2-甲基丁-2-烯-1-醇

(3) 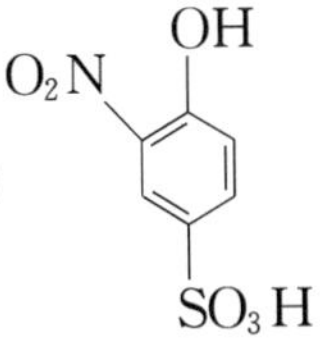 （邻硝基、对羟基苯，对位 SO₃H）

(4) 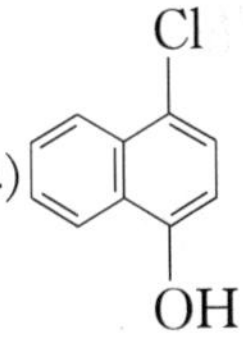 （1-氯-4-萘酚结构）

2. 按酸性从强至弱次序排列下列化合物。

(1) 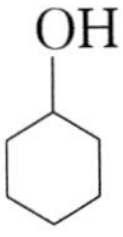 环己醇 OH

(2) 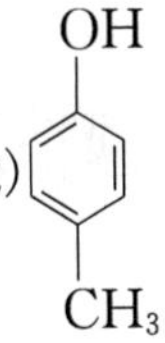 对甲基苯酚 OH，CH₃

(3) 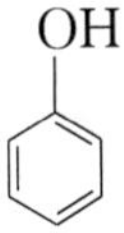 苯酚 OH

(4) 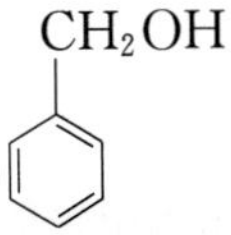 苄醇 CH₂OH

(5) 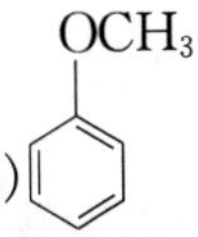 苯甲醚 OCH₃

3. 用简便的化学方法区别下列化合物。

(1) 甲基苯基醚、环己烷、苯酚、环己醇

(2) 丁-3-烯-2-醇、丁-3-烯-1-醇、2-甲基丙-2-醇、丁-2-醇、正丁醇

4. 完成下列转化(其他试剂任选)。

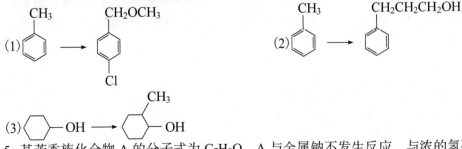

(1) 甲苯 → 对氯苄基甲基醚（CH₂OCH₃，Cl）

(2) 甲苯 → 苯基丙醇（CH₂CH₂CH₂OH）

(3) 环己醇 —OH → 2-甲基环己醇（CH₃，OH）

5. 某芳香族化合物 A 的分子式为 C₇H₈O，A 与金属钠不发生反应，与浓的氢碘

酸反应生成两个化合物 B 和 C。B 能溶于氢氧化钠溶液中，并与三氯化铁显色。C 与硝酸银的醇溶液作用，生成黄色的碘化银。试写出 A、B、C 的结构式，并写出各步反应式。

6. 完成下列反应式。

(1) $CH_3CH_2\overset{\displaystyle CH_3}{\overset{|}{CH}}CH_2OH \xrightarrow{PBr_3}$ (　　　　　)

(2) ⌷O⌷ $\xrightarrow[1mol]{HI}$ (　　　　　) + (　　　　　)

(3) ⌷O⌷ $\xrightarrow[H_2O]{H^+}$ (　　　　) $\xrightarrow[\triangle]{Cu}$ (　　　　　) $\xrightarrow[\triangle]{K_2Cr_2O_7}$ (　　　　　)

(4) $CH_3\overset{\displaystyle OH}{\overset{|}{CH}}CH=CHCH_2CH_2OH \xrightarrow[H^+]{KMnO_4}$ (　　　) + (　　　　)

(5) $CH_3-\overset{\displaystyle}{\underset{\displaystyle CH_3}{\overset{|}{C}}}=CH\overset{\displaystyle}{\underset{\displaystyle OH}{\overset{|}{C}}}H_2 \xrightarrow{PBr_3}$ (　　　) $\xrightarrow{\text{⬡—ONa}}$ (　　　)

(6) ⬡—OH $\xrightarrow[H_2O]{NaOH}$ (　　　) $\xrightarrow{(\quad)}$ ⬡—OCH_3

(7) ⬡—CH_3 $\xrightarrow[hv]{NBS}$ (　　　) $\xrightarrow[NaOH]{H_2O}$ (　　　) $\xrightarrow{CrO_3/\text{吡啶}}$ (　　　　)

(8) $CH_2=CHCH_2CH_2CH_2OH \xrightarrow{CrO_3/\text{吡啶}}$ (　　　　)

9.3　典型题精解

1. (1) 3-甲基戊-3-醇与 H_2SO_4 共热主要发生(　　　)反应。

A. E1　　　　　　　B. S_N1　　　　　　　C. S_N2　　　　　　　D. E2

(2) 下列化合物沸点最高的是(　　　)。

A. 己-3-醇　　　　　B. 正己烷　　　　　C. 2-甲基戊-2-醇　　　　　D. 正庚醇

解　(1) A。3-甲基戊-3-醇是叔醇，与 H_2SO_4 共热主要发生的是消除反应，而醇的消除基本上是按 E1 历程进行。

(2) D。醇中羟基之间氢键的存在，使得它的沸点比烃高，因此这四个化合物中，B 的沸点比 A、C、D(它们都是醇)都低；而碳数不同的醇，随着碳链的增长，沸点升高，A、C、D 三个醇中 D 的沸点最高；A、C 是同碳数的醇，则支链越多，沸点越低。

2. 完成反应式。

(1) ⌷O⌷ $\xrightarrow[1mol]{HI}$ (　　　　) + (　　　　)

(2) ⬡—OCH_3 + HI(浓) $\longrightarrow$ (　　　　) + (　　　　)

解　醚在浓 HI 作用下是发生醚键断裂的反应。不同结构的醚发生醚键断裂的反应时，醚键断裂的位置是不一样的。若氧原子两边所连的烃基都是伯脂肪烃基时，按 S_N2 历程进行，断在小基团这边；若一边是伯脂肪烃基，而另一边是叔脂肪烃基时，则按 S_N1 历程进行，断在叔脂肪烃基这边，如第(1)小题应该生成叔丁基碘和正丙醇，当 HI 过量时则正丙醇也转化为碘代烃。芳香醚的断裂则一定断在脂肪烃基这边，因为氧上孤电子对与苯环可以形成 p-π 共轭，芳基氧键不易断裂。

(1) (CH₃)₃C—O—CH₂CH₂CH₃ $\xrightarrow[1mol]{HI}$ (CH₃)₃C—I + HO—CH₂CH₂CH₃

(2) C₆H₅—OCH₃ + HI(浓) ⟶ C₆H₅—OH + CH₃I

3. 命名或写出结构式。

(1) (Z)-己-4-烯-2-醇　　　　　　(2) CH₃OCH₂CH₂CH₃

(3) 带 CH₃ 和 OH 的环己烯结构　　(4) CH₂CHCH₂Cl 环氧结构

解　分子式中如果有多个官能团时，首先要确定哪个是主官能团，命名或写结构式时遵循的"最低系列原则"首先应保证主官能团在主链上的位次最小，然后考虑次官能团，最后再考虑其他取代基的位次。例如，(1)、(3)分子中，既有羟基官能团，又有双键官能团，还有其他取代基，它们同时存在于同一分子中时，羟基比双键优先作为主官能团，然后考虑双键(注意：双键不在最长碳链时，将其作为取代基)，最后再考虑甲基等其他取代基。(4)中若用氧杂环丙烷命名，则氧编号为 1，氯甲基取代在 2 位；若用环氧丙烷命名，醚键比卤素优先作为主官能团，命名编号时首先保证醚键位置最小，然后考虑卤原子。

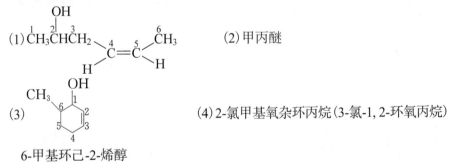

(1) $\overset{1}{C}H_3\overset{2}{C}H\overset{3}{C}H_2$—$\overset{4}{C}$=$\overset{5}{C}$—$\overset{6}{C}H_3$ （OH 在 2 位，H 在 C4、C5 上）　　(2) 甲丙醚

(3) 6-甲基环己-2-烯醇　　　　　　(4) 2-氯甲基氧杂环丙烷(3-氯-1,2-环氧丙烷)

4. 推测结构。

化合物 A(C₁₀H₁₃Br)在室温下很容易与氢氧化钾的乙醇溶液作用得到 B(C₁₀H₁₂)，B 经臭氧氧化和还原水解得甲醛和 C(C₉H₁₀O)，在铂催化下 C 被还原成 D(C₉H₁₂O)，D 具有旋光性，与硫酸共热得 E(C₉H₁₀)，用高锰酸钾处理 E 得对苯二甲酸，E 经臭氧氧化和还原水解得甲醛和对甲基苯甲醛。推测 A、B、C、D 和 E 的构造式。

解　采用倒推法，从条件最充分的地方入手，再综合考虑其他条件。本题中，最充分的条件就是最后一个："E 经臭氧氧化和还原水解得甲醛和对甲基苯甲醛"，从这个条件基本上可以确定 E 的结构。再逐步从后往前推，同时综合考虑各个条件，即可逐次推出各结构。

A.

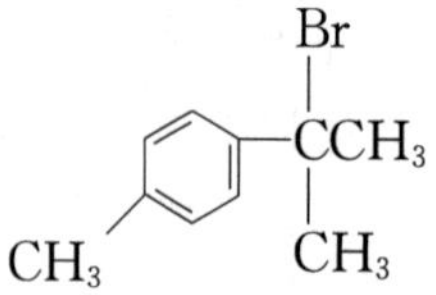

B.

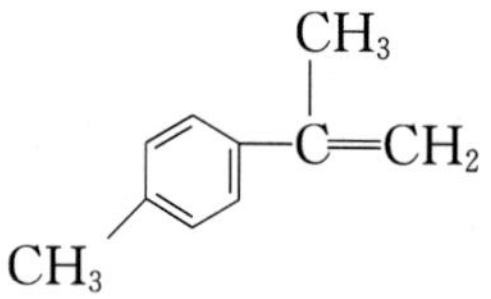

C.

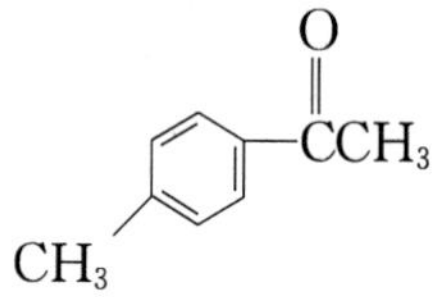

D.

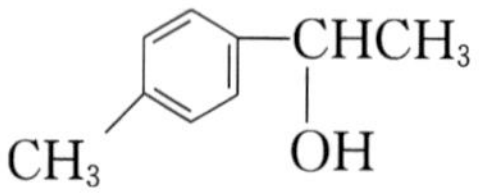

E.

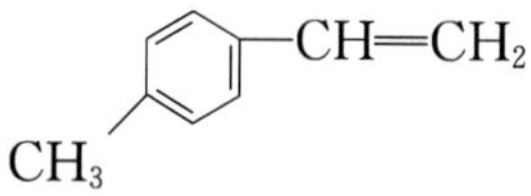

5. 用指定的有机试剂合成(无机试剂任选)。

(1)由正丙醇合成己-3-酮。

(2)由环己烯及不超过 4 个碳的有机原料(无机试剂任选)合成：

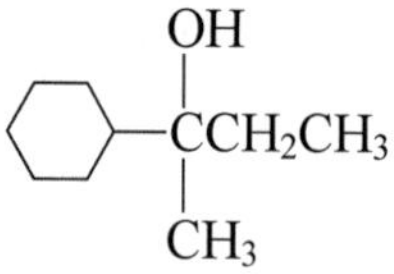

解　(1) $CH_3CH_2CH_2OH \xrightarrow{PBr_3} CH_3CH_2CH_2Br \xrightarrow[\text{无水乙醚}]{Mg} CH_3CH_2CH_2MgBr$

$CH_3CH_2CH_2OH \xrightarrow{CrO_3/\text{吡啶}} CH_3CH_2CHO$

$\left.\right\}\begin{array}{l}①\text{无水乙醚}\\②H^+/H_2O\end{array}$

$CH_3CH_2\overset{OH}{\overset{|}{C}}HCH_2CH_2CH_3 \xrightarrow{CrO_3/\text{吡啶}} CH_3CH_2\overset{O}{\overset{\|}{C}}CH_2CH_2CH_3$

(2)

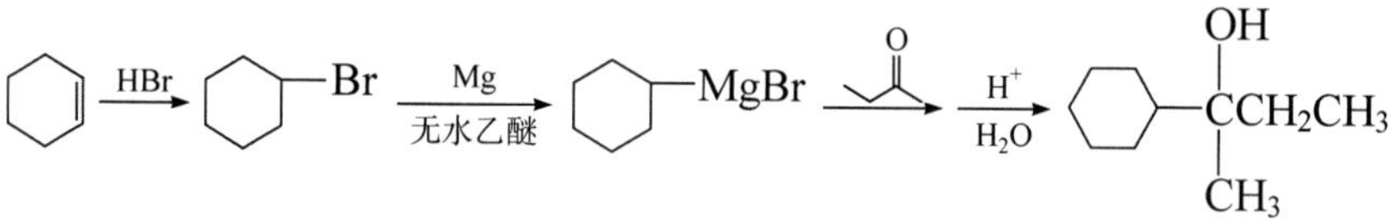

第10章 醛、酮和核磁共振谱

10.1 知识要点

10.1.1 命名

醛基或酮羰基为母体官能团时，选择含有羰基在内的最长碳链作为主链，称为某醛或某酮。主链碳原子编号从靠近羰基的一端开始，注明羰基的位置。由于醛基总是位于链端，因此位次可省略。不饱和醛、酮的命名要选含羰基的最长碳链作为主链，若主链含有重键，重键的位置要注明，若主链不含重键，则重键作为取代基。分子中同时含有酮羰基和醛基时，以醛为母体，酮羰基作为取代基，称为"氧亚基"。

脂环族、芳香族醛、酮命名时，将脂环或芳环作为取代基。羰基参与成环的酮，则在名称前加"环"字，称为环某酮。

10.1.2 亲核加成反应机理与反应活性

由于羰基氧的电负性大，C═O 键上的电子云偏向于氧原子一边，使羰基碳带部分正电荷，在反应中，羰基碳容易受到亲核试剂的进攻。这种由亲核试剂进攻而引起的加成反应，称为亲核加成反应。

$$\underset{}{\overset{\delta^+}{>}C}\overset{\delta^-}{=}\ddot{O} + Nu^- \overset{慢}{\rightleftharpoons} \underset{}{\overset{O^-}{|}}{-C-Nu}$$

不同结构的醛、酮发生亲核加成反应的活性不同，一般而言，脂肪族醛、酮反应活性主要由空间效应决定(电子效应接近)，连在羰基上的基团越大，活性越低。对于芳香族醛、酮而言，主要考虑环上取代基的电子效应。

10.1.3 醛酮的主要化学反应

1) 亲核加成反应

(1) 与 HCN 加成。HCN 可与所有醛、脂肪族甲基酮及少于八个碳原子的脂环酮反应，用于制备 α-羟基腈。此反应是有机合成上增加一个碳原子的方法之一。由腈水解可以得到相应的羧酸；腈催化加氢可还原为相应的胺。

(2) 与 $NaHSO_3$ 饱和溶液反应。反应的范围与上述 HCN 反应类似。产物为 α-羟基磺酸钠，因不溶于 $NaHSO_3$ 饱和溶液而以白色沉淀析出。在稀酸或稀碱共热下可水解变回原来的醛、酮。常用来鉴别、分离和提纯醛、酮。

(3) 与 H_2O 加成。活泼的醛、酮能与水作用生成偕二醇。常见的有甲醛、三氯乙醛和茚三酮，其可以顺利地与水反应。

（4）与 ROH 加成。在干燥 HCl 气体或无水强酸催化作用下，醛或酮可以与一分子醇反应生成半缩醛，一般不稳定，可继续与另一分子醇反应生成稳定的缩醛或缩酮。缩醛或缩酮对碱、氧化剂和还原剂均稳定，但在稀酸中易水解成原来的醛或酮，在有机合成上常用来保护活泼的羰基。酮与醇的加成反应较难进行，但易与二元醇形成环状缩醛。

（5）与氨的衍生物加成。反应的产物大多数是棕黄色结晶，具有一定的熔点，在酸性水溶液中加热可水解成原来的醛、酮。因此，常用于羰基化合物的鉴别和分离、提纯。

（6）与维蒂希（Wittig）试剂反应。醛、酮与维蒂希试剂作用，脱去三苯基氧磷生成烯烃，该反应可以用于制备一般消除反应难以获得的烯烃（如环外双键）。

（7）与 RMgX 反应。多数醛、酮都能与格氏试剂反应，加成产物可水解成醇。与甲醛反应可以获得多一个碳的伯醇，与其他醛反应可以生成仲醇，与酮反应生成叔醇。这是制备醇的重要方法之一。

2）涉及 α-H 的反应

（1）卤代和卤仿反应。醛或酮的 α-H 在酸催化下（X_2/HAc）的卤代反应，产物一般停留在一卤代的阶段；而碱催化下（X_2/NaOH）的卤代反应，难以停留在一卤代阶段，直接生成三卤代产物。具有 $CH_3—\overset{\text{O}}{\overset{\|}{C}}—$ 或 $CH_3—\overset{\text{OH}}{\overset{\|}{CH}}—$ 结构的有机物都可以与卤素的碱溶液反应生成三卤甲烷（卤仿）和羧酸盐，此反应称为卤仿反应。此反应在有机合成上也用于制备减少一个碳的羧酸。若使用碘的氢氧化钠溶液，可得到黄色的碘仿沉淀。碘仿反应常用于鉴别上述结构的有机物。

（2）羟醛缩合反应。在稀碱作用下，两分子醛（酮）相互作用，形成 β-羟基醛（或酮），后者经加热失水生成 α,β-不饱和醛（酮）的反应称为羟醛缩合反应。无 α-H 的醛自身不反应，但可与另一种具有 α-H 的醛发生交叉羟醛缩合反应。

3）氧化还原反应

（1）醛、酮羰基的氧化反应。醛、酮对氧化剂的活性差别较大。醛由于羰基上连有一个氢原子，很容易被一些弱氧化剂，如托伦（Tollen）试剂（硝酸银的氨溶液）、费林（Fehling）试剂（硫酸铜、氢氧化钠、酒石酸钾钠溶液）等氧化，同时产生明显的现象，可用于鉴别醛和酮。在强氧化剂（如酸性 $KMnO_4$、$K_2Cr_2O_7$ 等）作用下，醛很容易被氧化生成相应的羧酸，酮一般不易被氧化。酮在有机过氧酸氧化下与羰基直接相连的碳链断裂，插入一个氧形成酯，这一反应称为拜耶尔-维立格（Baeyer-Villiger）氧化反应。

（2）醛、酮羰基的还原反应。醛、酮在过渡金属 Ni、Pt、Pd 等催化下加氢还原成伯醇或仲醇。醛、酮的羰基在 $NaBH_4$、$LiAlH_4$ 等负氢还原剂作用下，还原成醇，分子中的碳碳双键和三键不受影响。醛、酮在锌汞齐和浓盐酸作用下，羰基还原成亚甲基的反应称为克莱门森（Clemmenson）还原法。这一反应适用于对酸稳定的化合物。醛、酮与肼在高沸点溶剂[如在一缩二乙二醇（$HOCH_2CH_2OCH_2CH_2OH$）]中与碱一起加热，羰基先与肼成腙，腙在碱性加热条件下失去氮，结果羰基变成了亚甲基。这个反应称为沃尔夫-基希纳（Wolff-Kishner）-黄鸣龙反应，这一反应在碱性环境中进行，特别适用于还原对酸不稳定的醛酮。

醛、酮在酸性条件下可与硫醇作用生成硫代缩醛、酮,硫代缩醛、酮在雷尼(Raney)镍存在下氢化脱硫,还原成亚甲基。该反应可用于中性条件下的还原,反应中碳碳双键不受影响。

(3)歧化反应。不含α-H 的醛在浓的氢氧化钠溶液中发生歧化反应,即一分子醛被氧化成羧酸,另一分子被还原成醇,该反应称为坎尼扎罗(Cannizzaro)反应。两种不含α-H 的醛与浓碱共热,可发生交叉的坎尼扎罗反应。如果甲醛和芳香醛在一起,由于甲醛容易被氧化,得到的产物是甲酸和芳香醇。

4)α,β不饱和醛、酮

α,β不饱和醛、酮结构上的特点是碳碳双键与羰基共轭,在化学性质上表现出既可以发生亲核加成,也可以发生亲电加成,而且具有 1,2-和 1,4-两种加成方式。1,2-加成和 1,4-加成的倾向与醛、酮的结构、亲核试剂的性质关系密切。

烯醇负离子也可以与α,β不饱和醛、酮在碱性催化剂作用下,发生亲核 1,4-共轭加成反应,此类反应称为迈克尔(Michael)加成反应。迈克尔加成是增长碳链的重要反应,在合成 1,5-二官能团化合物上有重要应用。

迈克尔加成反应生成的 1,5-二羰基化合物在碱作用下可继续进行羟醛缩合反应而发生环化,这个反应称为罗宾逊(Robinson)环化。

10.1.4 核磁共振氢谱

凡原子序数为奇数的原子核由于自旋而具有磁性,若将磁核置于强外磁场(H_0)中,便会产生自旋能级分裂。若原子核受到的电磁场辐射所提供的能量 $h\nu$ 恰好等于能级差(ΔH)时,原子核吸收电磁辐射的能量,从低能级跃迁到高能级,这种现象称为核磁共振。当前核磁共振研究的对象主要是 ^1H 和 ^{13}C。以 ^1H 为研究对象的称为核磁共振氢谱,也称核磁共振质子谱;以 ^{13}C 为研究对象的称为核磁共振碳谱。

1)核磁共振质子谱的主要参数

(1)化学位移。不同化学环境中的氢核,受到不同程度的屏蔽效应影响,在外磁场作用下产生的共振频率ν不同,因而在核磁共振谱的不同位置出现吸收峰,这种峰与峰之间的差距称为化学位移。

(2)偶合常数。自旋-自旋偶合裂分后,两峰之间的距离,即两峰的频率差$|\nu_a-\nu_b|$称为偶合常数,用 J_{ab} 表示,单位为 Hz。偶合常数(J)用以表示两个质子间相互干扰的强度,相互干扰的两个质子,其偶合常数必然相等。利用 J 值可以判断质子之间的相互关系。

(3)峰面积。峰面积比恰好是氢原子数之比。峰面积可以用积分仪绘出的积分高度来表示;积分高度可用尺子测量,也可用谱图中的格数计算。

2)化学等价与($n+1$)规则

若分子中的某一组核的化学位移完全相等,则称该组核为化学等价。若氢原子核周围有 n 个与之偶合常数相同的氢原子,则该氢原子核的吸收峰将裂分为($n+1$)重峰,称为($n+1$)规则。裂分峰强度比符合二项式$(a+b)^n$展开系数比。如果某组化学环境相

同的氢核，分别与 n 个和 n' 个有着接近或相同的偶合常数的氢核偶合，那么其共振峰被裂分为 $(n+n'+1)$ 重峰。

3)解析步骤

从核磁共振谱可以获得化学位移、分裂峰数、积分高度等，利用这些参数可以鉴别和确定结构。步骤如下：

(1)计算化合物的不饱和度 Ω。

$$\Omega = \frac{2 + 2n_4 + n_3 - n_1}{2}$$

式中，n_4、n_3、n_1 分别代表分子式中四价的碳、三价的氮和一价的氢(包括卤素)的原子个数。

(2)根据化学位移 δ，推测可能的官能团结构。

(3)根据峰面积和峰裂分情况，利用 $(n+1)$ 规则，确定氢原子个数和归属。

(4)确定有机化合物的结构，并进行验证。

10.2　单　元　练　习

1. 命名下列化合物。

(1)

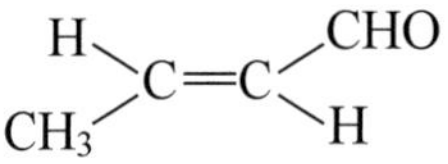

(2)

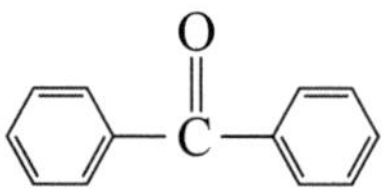

(3) $CH_3CH{=}NOH$

(4)
CH_3CH_2CHCHO（带 Cl）

(5) 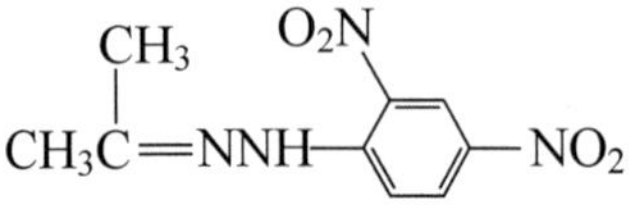
$CH_3C{=}NNH$

(6)

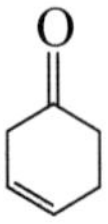

2. 写出丙醛与下列试剂反应的产物。

(1) H_2/Pt　　　　　(2) C_6H_5MgBr，H^+/H_2O　　　(3) 饱和 $NaHSO_3$

(4) 乙二醇/H^+　　　(5) NH_2OH　　　　　　　　　(6) Zn-Hg/浓 HCl

(7) $LiAlH_4$　　　　　(8) $NaBH_4$　　　　　　　　　(9) $Ag(NH_3)_2OH$

(10) $KMnO_4/H^+$　　(11) 稀 NaOH　　　　　　　　(12) 苯肼

3. 完成下列反应式。

(1) 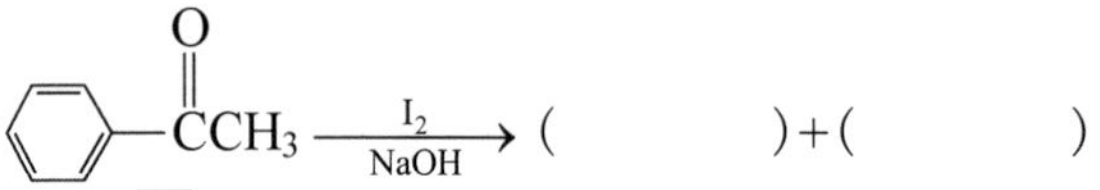
$\xrightarrow[NaOH]{I_2}$ (　　　　) + (　　　　)

(2) Cl—⟨⟩—CHO + HCHO $\xrightarrow{NaOH}$ (　　　　) + (　　　　)

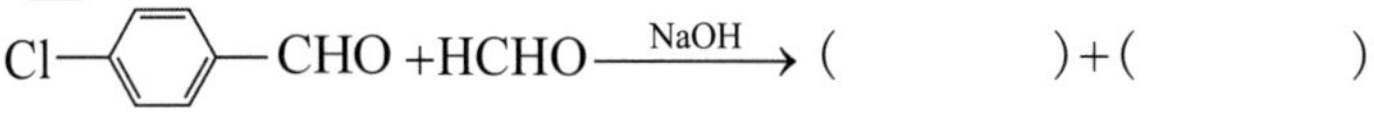

(3) 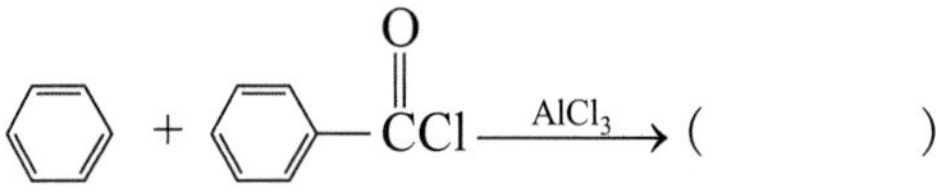
$\xrightarrow{AlCl_3}$ (　　　　)

(4) $\langle\!\!\!\!\text{C}_6\text{H}_5\rangle$—CHO + CH$_3CH_2$CHO $\xrightarrow{\text{稀碱}}$ ( )

(5) C$_2$H$_5$MgBr + CH$_3\overset{\text{O}}{\overset{\|}{\text{C}}}$CH=CHCH$_2$OH $\xrightarrow{\text{无水乙醚}}$ ( ) + ( )

(6) $\xrightarrow[\text{H}_2\text{O}]{\text{H}^+}$ ( ) + ( )

(7) $\langle$ 萘 $\rangle$—CHCH$_2$CHO $\xrightarrow{\text{Ag(NH}_3)_2\text{OH}}$ ( )
\quad\quad\quad CH$_3$

(8) CHO / CH$_2$CCH$_2$CH$_3$ ‖ O $\xrightarrow[\triangle]{\text{OH}^-}$ ( ) $\xrightarrow{\text{NaBH}_4}$ ( )

(9) $\langle$ 苯 $\rangle$ + CH$_3$CH$_2\overset{\text{O}}{\overset{\|}{\text{C}}}$Cl $\xrightarrow{\text{AlCl}_3}$ ( ) $\xrightarrow[\text{浓HCl}]{\text{Zn(Hg)}}$ ( )

(10) $\xrightarrow{(\quad)}$

4. 如何用化学方法鉴别下列各组化合物?

(1) $\langle$ C$_6$H$_5$ $\rangle$—CHO \quad $\langle$ C$_6$H$_5$ $\rangle$—OH \quad $\langle$ C$_6$H$_5$ $\rangle$—OCH$_3$ \quad $\langle$ C$_6$H$_5$ $\rangle$—CH$_2$OH

(2) $\langle$ C$_6$H$_{11}$ $\rangle$—$\overset{\text{OH}}{\overset{|}{\text{CH}}}CH_3$ \quad $\langle$ C$_6$H$_{11}$ $\rangle$—$\overset{\text{O}}{\overset{\|}{\text{C}}}CH_2CH_3$ \quad $\langle$ C$_6$H$_5$ $\rangle$—$\overset{\text{O}}{\overset{\|}{\text{C}}}CH_3$ \quad CH$_3\overset{\text{O}}{\overset{\|}{\text{C}}}CH_2CH_3$

5. 完成下列转变。

(1) CH$_3$CH$_2$CH$_2$OH $\longrightarrow$ CH$_3$CH$_2$CH$_2$CH$_2$OH

(2) HC≡CH $\longrightarrow$ CH$_3$CH=CHCH$_2$OH

10.3 典型题精解

1. 命名下列化合物。

(1) CH$_3\overset{\text{CH}_3}{\overset{|}{\text{CH}}}CH_2$CHO \quad\quad (2) CH$_3\overset{\text{CH}_3}{\overset{|}{\text{CH}}}\overset{\text{O}}{\overset{\|}{\text{C}}}CH_2CH_3$ \quad\quad (3) CH$_3$CH=$\overset{\text{CH}_3}{\overset{|}{\text{C}}}$CHO

(4) CH$_3$CH=CHCH$\overset{\text{O}}{\overset{\|}{\text{C}}}CH_2CH_3$ \quad\quad (5) CH$_3$CH$\overset{\text{OCH}_3}{\underset{\text{OCH}_3}{<}}$
\quad\quad CH$_3$

(6) CH$_3$—$\langle$ C$_6$H$_{10}$ $\rangle$=O

解 (1)3-甲基丁醛(或β-甲基丁醛)；(2)2-甲基戊-3-酮；(3)2-甲基丁-2-烯醛；(4)4-甲基庚-5-烯-3-酮；(5)乙醛缩二甲醇（以相应醛和醇的名称命名）；(6)4-甲基环己酮（羰基参与成环，母体名称前加"环"字）。

2. 比较下列化合物与饱和 NaHSO₃ 反应的活性大小。

(1)$CH_3CH_2CH_2CHO$ 　　　　　(2)$CH_3\overset{O}{\overset{\|}{C}}CH_2CH_3$

(3)HCHO 　　　　　(4)$CH_3\overset{O}{\overset{\|}{C}}CH_3$

解 醛、酮发生亲核加成反应的活性与羰基的活性(由电子效应和空间位阻效应决定)和亲核试剂的亲核性相关。在亲核试剂相同的情况下，羰基碳原子上的电子密度越小，所连基团体积越小，越有利于亲核试剂的进攻，反应活性越大。由此可推断上述各化合物的反应活性次序为：(3) > (1) > (4) > (2)。

3. 用化学方法鉴别下列各组化合物。

(1)a. 丁醛　　　　b. 丁-2-酮　　　　c. 丁-1-醇　　　　d. 丁-2-醇

(2)a. 戊醛　　　　b. 戊-2-酮　　　　c. 戊-3-酮　　　　d. 戊-2-醇

解 (1)这 4 个化合物中丁醛和丁-2-酮是羰基化合物，丁-1-醇和丁-2-醇是醇，可以用羰基试剂将其分成两组，再用碘仿反应进行鉴别。丁醛和丁-2-酮也可以用托伦试剂或费林试剂鉴别。

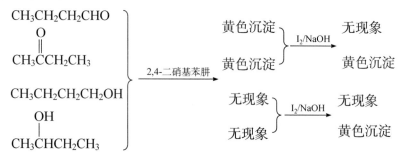

(2)首先用羰基试剂将 a、b、c 和 d 区分开，再利用费林试剂鉴别出 a，用碘仿反应将 b 和 c 加以鉴别。

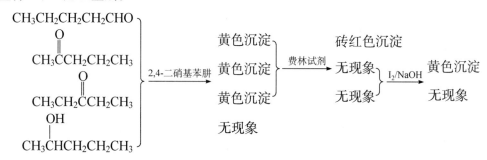

4. 完成转化(其他试剂任选)。

(1) 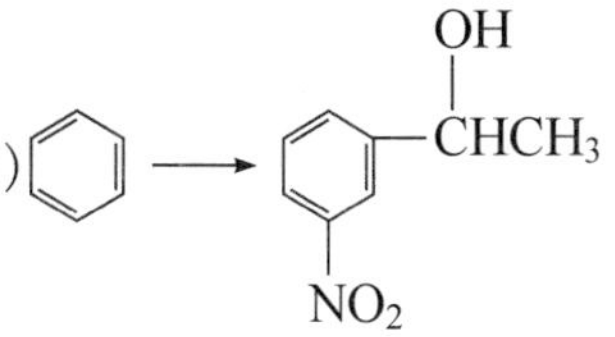

(2) 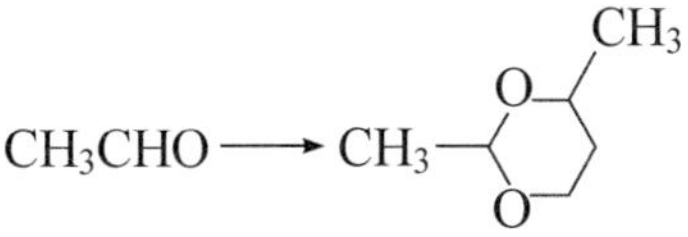

(3) $HC\equiv CH \longrightarrow CH_3CH_2CH_2CH_2OH$

解　(1)分析：此题目标分子是带有硝基的仲醇，由于硝基对格氏试剂反应有干扰，因此不能采用间硝基苯基溴化镁与乙醛反应来制备，可以由酮还原来制备醇。这里需要注意两点：①不能先上硝基，再发生 F-K 酰基化反应；②硝基可以被 $LiAlH_4$ 还原成氨基，应该选择较温和的 $NaBH_4$ 作为还原剂。

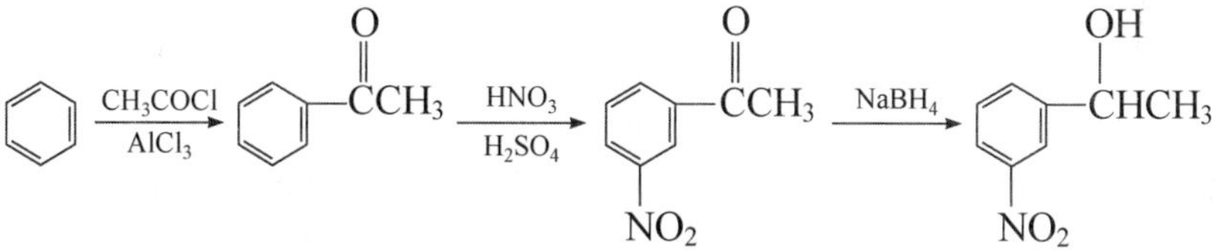

(2)分析：此题的目标产物是一个缩醛结构，可以由乙醛与丁-1,3-二醇反应得到。丁-1,3-二醇可利用乙醛经过羟醛缩合反应、还原制得。

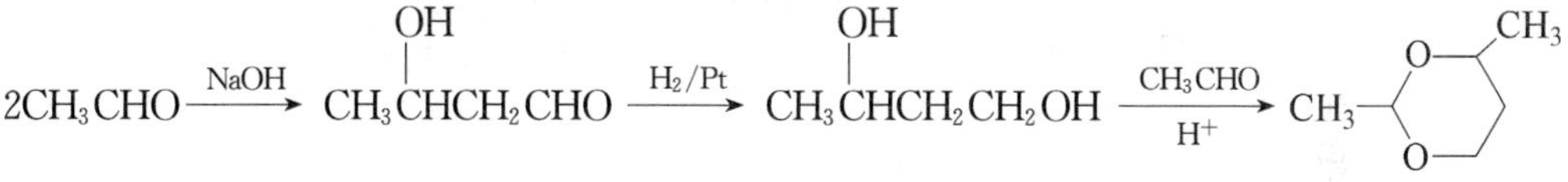

(3)分析：此题是碳链成倍增长的反应，可利用羟醛缩合反应制得。步骤如下：

$$HC\equiv CH \xrightarrow[HgSO_4/H_2SO_4]{H_2O} CH_3CHO \xrightarrow[\triangle]{\text{稀}OH^-} CH_3CH{=}CHCHO \xrightarrow{H_2/Ni} CH_3CH_2CH_2CH_2OH$$

5. 化合物 A($C_7H_{16}O$)可被酸性 $KMnO_4$ 溶液氧化，得到化合物 B($C_7H_{14}O$)；B 能与 2, 4-二硝基苯肼反应生成黄色沉淀，但不发生碘仿反应；A 与浓硫酸共热得到 C(C_7H_{14})，C 在酸性 $KMnO_4$ 溶液中加热，得到丙酮和 2-甲基丙酸。试推断 A、B、C 的构造式并写出相关反应式。

解　由 C 的分子式 C_7H_{14} 可以计算出该化合物的不饱和度为 1。根据 C 在酸性 $KMnO_4$ 溶液中加热得到的产物和烯烃氧化规律，可推出 C 的结构式；由 A 脱水得到 C，可推出 A 是仲醇。B 能与 2, 4-二硝基苯肼反应，但不发生碘仿反应，说明 B 中含有羰基。由 A 的构造式可知 B 只能是不含 CH_3CO—结构的酮。由此，A、B、C 的结构式如下：

A. 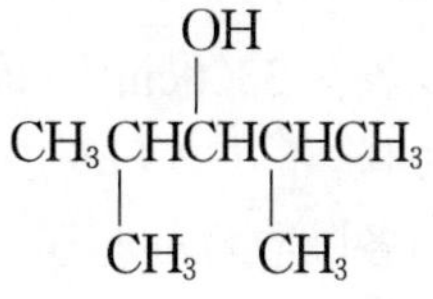
B. 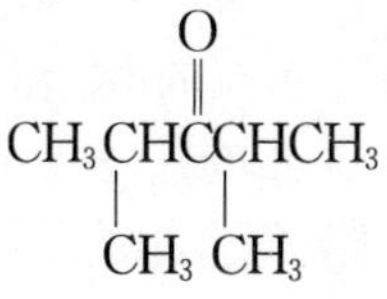
C. 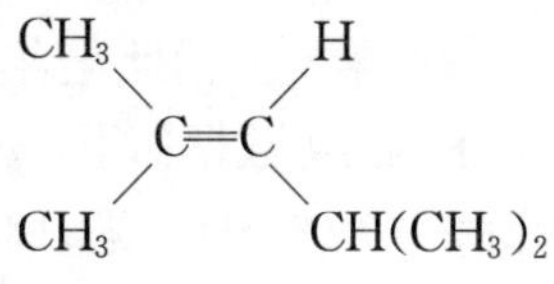

相关反应式如下：

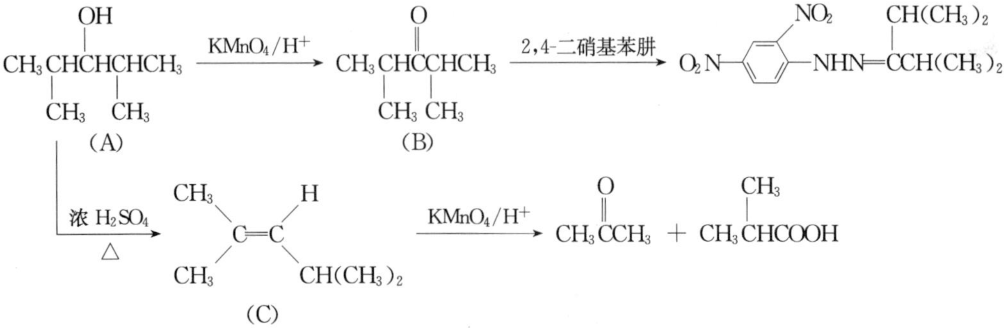

6. 化合物 A 的分子式为 $C_8H_8O_2$。A 能与三氯化铁水溶液反应呈现紫色，与 2, 4-二硝基苯肼反应生成黄色结晶，还可发生碘仿反应。此化合物有三种同分异构体，A 是其中蒸气压最低的一种异构体。试推断 A 的结构。

解　根据分子式计算 A 的不饱和度为 4，A 能与三氯化铁水溶液反应呈现紫色，推测化合物 A 是一种酚；能与 2,4-二硝基苯肼反应生成黄色结晶，还可发生碘仿反应，说明 A 具有甲基酮的结构；再由 A 的组成可推测苯环上连有酚羟基和乙酰基，这两个基团之间的相对位置可以是邻、间、对的关系，可能的结构有三种，其中邻羟基苯乙酮由于能形成分子内氢键，因此蒸气压最低，所以是化合物 A 的结构。

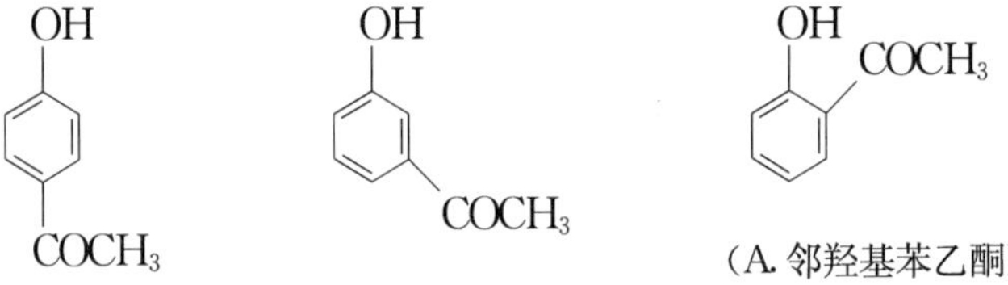

(A. 邻羟基苯乙酮)

7. 某化合物 $C_3H_6O_2$，其 ^1H NMR 谱数据为：δ11.3(单峰，1H)、δ2.3(四重峰，2H)、δ3.7(三重峰，3H)，请写出其结构式。

解　该化合物的不饱和度$\Omega=1$，δ11.3(单峰，1H)表示有—COOH，δ2.3(四重峰，2H)和δ3.7(三重峰，3H)表示有—CH_2CH_3，因此其结构为 CH_3CH_2COOH。

8. 某化合物 $C_9H_{10}O$ 的 IR 在 1680cm^{-1} 有强吸收峰，其 ^1H NMR 如下：δ1.1(三重峰，3H)，δ3.0(四重峰，2H)，δ7.7(多重峰，5H)。请推测其构造式并标明各吸收峰的归属。

解　该化合物的不饱和度$\Omega=5$，δ7.7(多重峰，5H)说明有苯环，且为单取代；IR 在 1680cm^{-1} 有强吸收峰说明有羰基；又根据δ1.1(三重峰，3H)和δ3.0(四重峰，2H)证明有—$COCH_2CH_3$ 结构，因此该化合物的结构为

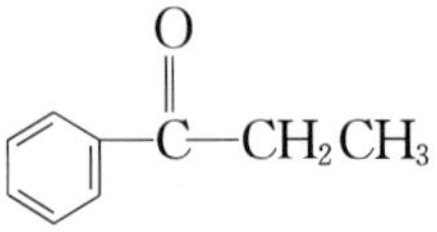

9. 某旋光活性化合物 $C_8H_{10}O$ 显示宽的 IR 谱带，中心吸收在 3300cm^{-1}。该化合物的 ^1H NMR 数据如下：δ1.32(3H，二重峰)，δ2.76(1H，宽的单峰)，δ4.65(1H，四重峰)，δ7.18(5H，宽的单峰)。请推测化合物的结构，并指出各吸收峰的归属。

解　该化合物的不饱和度 $\Omega = 4$，$\delta 7.18$（5H，宽的单峰），说明有苯环，且为单取代；IR 在 $3300cm^{-1}$ 有吸收峰，$\delta 2.76$（1H，宽的单峰），说明有羟基，为醇类化合物；$\delta 4.65$（1H，四重峰），$\delta 1.32$（3H，二重峰），说明有—CH(CH₃)—OH 结构，因此该化合物的结构为

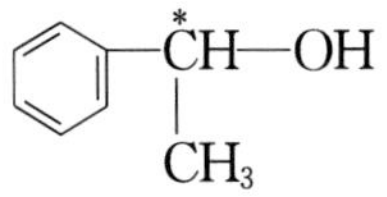

$$
\begin{array}{c}
\text{C}_6\text{H}_5\text{—}\overset{*}{\text{C}}\text{H—OH} \\
|\\
\text{CH}_3
\end{array}
$$

第 11 章 羧酸、羧酸衍生物和质谱

11.1 知 识 要 点

11.1.1 羧酸及其衍生物的命名

1) 羧酸的命名

脂肪酸的系统命名：选择分子中含羧基的最长碳链为主链，根据主链上碳原子数目称为某酸，超过 10 个碳原子的羧酸在碳数后加 "碳"字。从羧基碳原子开始编号。对于不饱和羧酸，选择含羧基的最长碳链为主链，称为某烯(炔)酸，不饱和键的位次标于 "烯(炔)"字前，当不饱和键不含在主链中时，则作为取代基命名。对于简单的脂肪酸普通命名法也常用 α、β、γ、δ 等希腊字母表示取代基的位次。

2) 羧酸衍生物的命名

羧酸衍生物包括酰卤、酸酐、酯、酰胺和腈。

酰卤一般根据所含酰基来命名，名称为 "酰基名+卤素名"，如苯甲酰氯。

酸酐分为单酐和混酐。单酐名称为 "羧酸名+酐"，如乙酸酐；混酐名称为 "英文首字母顺序靠前的羧酸名+英文首字母靠后的羧酸名+酐"，如乙丙(酸)酐；分子内脱水形成的酸酐名称为 "某二酸酐"，如邻苯二甲酸酐。

酯分为一元醇的酯、多元醇的酯和多元酸的酯。一元醇的酯名称为 "某酸某(醇)酯"，如乙酸甲酯；多元醇的酯命名为 "某醇某酸酯"或 "某酸某醇酯"，如乙二醇二乙酸酯、三硬脂酸甘油酯；多元酸的酯名称为 "多元酸某(醇)酯"，如邻苯二甲酸二乙酯。内酯根据羧酸和羟基位置(用希腊字母标出)命名为 "β-或 γ-或 δ-某内酯"，如 γ-丁内酯，也可以用阿拉伯数字标出。

酰胺命名为 "某酰某胺"，如苯甲酰胺。若氨基上接有取代基，则标记为 "N-某基"，如 N,N-二甲基苯甲酰胺。内酰胺根据羧酸和氨基位置(用希腊字母标出)命名为 "β-或 γ-或 δ-某内酰胺"，如 δ-己内酰胺。

油脂的命名：一般甘油酯的命名与多元醇酯相同。而混合甘油酯中 R 不相同，则以 α、α'、β 分别表示其位置，如 α'-硬脂酸-β-软脂酸-α-油酸甘油酯。

11.1.2 羧酸及其衍生物的化学性质

1) 羧酸的性质

(1) 酸性。具有吸电子诱导效应的基团使酸性增强，具有给电子诱导效应的基团使酸性减弱。

(2) 羧酸衍生物生成。

形成酰卤：
$$R-\overset{O}{\overset{\|}{C}}-OH \xrightarrow[SOCl_2]{PX_3 \text{ 或 } PX_5} R-\overset{O}{\overset{\|}{C}}-X(\text{或 } Cl)$$

形成酸酐：
$$2R-\overset{O}{\overset{\|}{C}}-OH \xrightarrow[\text{或乙酸酐}]{P_2O_5} R-\overset{O}{\overset{\|}{C}}-O-\overset{O}{\overset{\|}{C}}-R$$

形成酯：
$$R-\overset{O}{\overset{\|}{C}}-OH+HOR' \underset{}{\overset{H^+}{\rightleftharpoons}} R-\overset{O}{\overset{\|}{C}}-OR'+H_2O$$

形成酰胺：
$$RCOOH+NH_3 \longrightarrow RCOONH_4 \xrightarrow{\text{加热}} RCONH_2+H_2O$$

(3) 还原反应。
$$RCOOH \xrightarrow{LiAlH_4} \xrightarrow{H_2O} RCH_2OH$$

(4) 脱羧反应。
$$Y-CH_2COOH \xrightarrow{\text{加热}} Y-CH_3 + CO_2$$
$$Y=RCO-,\ HOOC-,\ -CN,\ -NO_2,\ -Ar$$

(5) α-卤代反应。

2) 羧酸衍生物的性质

(1) 羧酸衍生物亲核加成-消除反应。
$$R-\overset{O}{\overset{\|}{C}}\vdots L + H \vdots Nu \longrightarrow R-\overset{O}{\overset{\|}{C}}-Nu + H-L$$

离去基团 $L = -X,\ -OCOR',\ -OR',\ -NH_2$

亲核试剂 $Nu = -OH,\ -OR',\ -NH_2(H_2O、ROH、NH_3)$

相对活性顺序为
$$R-\overset{O}{\overset{\|}{C}}-X > R-\overset{O}{\overset{\|}{C}}-O-\overset{O}{\overset{\|}{C}}-R > R-\overset{O}{\overset{\|}{C}}-OR' > R-\overset{O}{\overset{\|}{C}}-NH_2$$

(2) 克莱森(Claisen)酯缩合反应。
$$2RCH_2\overset{O}{\overset{\|}{C}}-OR' \xrightarrow[②H^+]{①C_2H_5ONa} RCH_2\overset{O}{\overset{\|}{C}}-\overset{}{\underset{R}{CH}}-\overset{O}{\overset{\|}{C}}-OR'$$

(3) 酰胺的霍夫曼(Hofmann)降级反应。
$$R-\overset{O}{\overset{\|}{C}}-NH_2 \xrightarrow[NaOH]{X_2} RNH_2$$

(4) 酯交换反应。

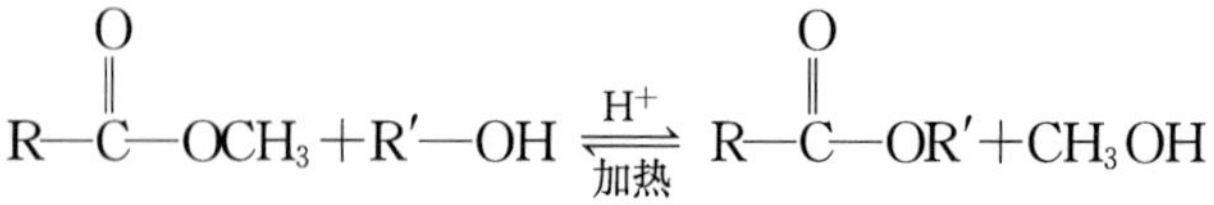

$$\underset{\substack{\parallel \\ O}}{R-C}-OCH_3 + R'-OH \xrightleftharpoons[\text{加热}]{H^+} \underset{\substack{\parallel \\ O}}{R-C}-OR' + CH_3OH$$

(5)还原反应。

$$
\left.
\begin{array}{l}
\underset{\substack{\parallel \\ O}}{R-C}-X \\[6pt]
\underset{\substack{\parallel \\ O}}{R-C}-O-\underset{\substack{\parallel \\ O}}{C}-R' \\[6pt]
\underset{\substack{\parallel \\ O}}{R-C}-OR' \\[6pt]
\underset{\substack{\parallel \\ O}}{R-C}-NH_2
\end{array}
\right\}
\xrightarrow{\text{LiAlH}_4}
\begin{array}{l}
RCH_2OH + HX \\[12pt]
RCH_2OH + R'CH_2OH \\[12pt]
RCH_2OH + R'OH \\[12pt]
RCH_2NH_2
\end{array}
$$

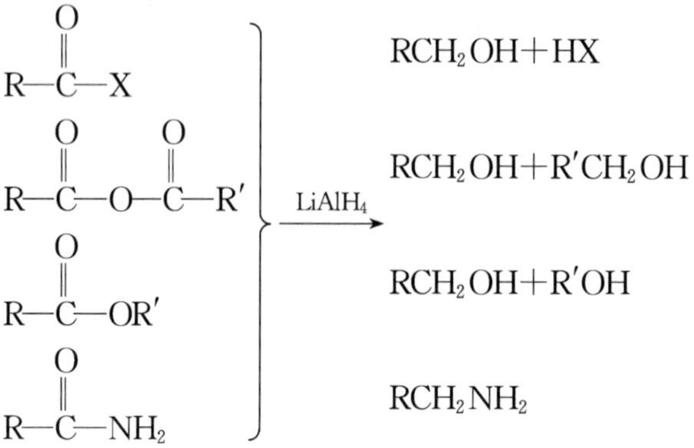

11.1.3　质谱

1)原理

有机化合物分子的蒸气在高真空下受到能量较高的电子束的轰击，有机分子失去外层电子变成分子离子 M^+，处于激发态的分子离子接受能量，裂解成不同质量的带正电荷的阳离子和不带电的碎片，通过对这些碎片的分析得知分子结构的信息。

2)质谱在有机物结构测定中的应用

(1)判别分子离子峰的简单方法。分子离子峰的质量数要符合氮规则，即不含氮或含偶数氮的有机化合物的相对分子质量为偶数，含奇数氮的有机化合物的相对分子质量为奇数。分子离子一定是奇数电子离子。

(2)利用碎片峰和同位素峰推测简单分子的结构。首先确定分子离子峰，推导分子式，计算不饱和度，再分析碎片离子，推测出结构单元和分子结构。

11.2　单 元 练 习

1. 命名下列化合物或写出结构式。

(1)

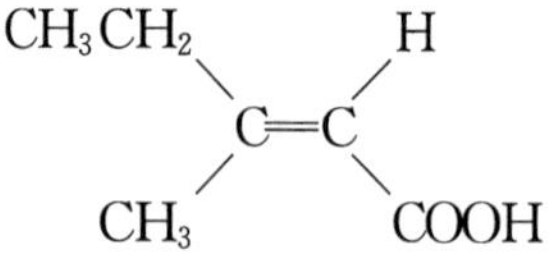

(2)

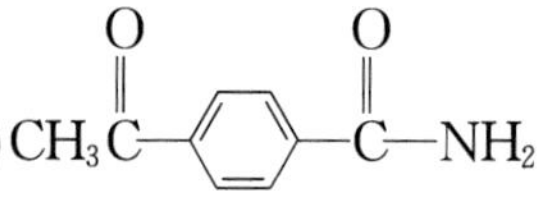

(3) 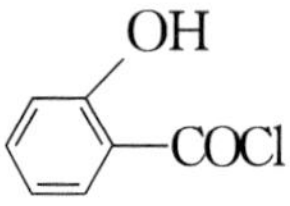 　(4)

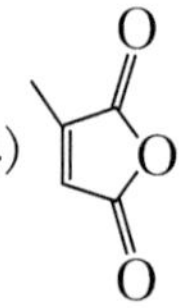

(5)

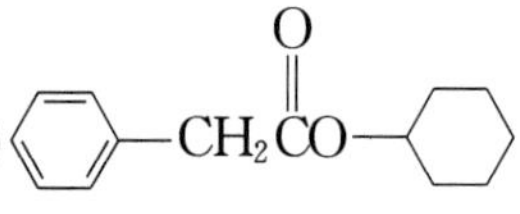

(6)邻苯二甲酸酐　　(7)2-甲基丙烯酸甲酯　　(8)N, N-二甲基苯甲酰胺

2. 采用化学方法区别下列各组化合物。

(1) 苯甲酸、对甲苯酚、苄醇

(2) 乙酸、草酸、丙二酸

3. 指出下列反应的主要产物。

(1) 苯-Br $\xrightarrow[\text{无水乙醚}]{Mg}$ (　　　) $\xrightarrow{CO_2}$ $\xrightarrow{H_2O}$ (　　　) $\xrightarrow{SOCl_2}$ (　　　)

(2) $CH_3CHO \xrightarrow{HCN}$ (　　　) $\xrightarrow[H_2O]{H^+}$ (　　　)

(3) 苯-COOH $\xrightarrow{PCl_3}$ (　　　) $\xrightarrow[\triangle]{NH_3}$ (　　　) $\xrightarrow[NaOH]{Br_2}$ (　　　)

(4) 丁二酸酐 $+ CH_3CH_2OH \xrightarrow{H^+}$ (　　　)
　　　　　　　　　　过量

(5) $2\ CH_3CH_2-\overset{O}{\overset{\|}{C}}-OC_2H_5 \xrightarrow{C_2H_5ONa}$ $\xrightarrow{H^+}$ (　　　)

(6) $C_2H_5O\overset{O}{\overset{\|}{C}}-苯-\overset{O}{\overset{\|}{C}}CH_3 \xrightarrow{NaBH_4}$ (　　　)

(7) 苯-$CH_2Cl \xrightarrow{NaCN}$ (　　　) $\xrightarrow{LiAlH_4}$ (　　　)

(8) $CH_3CH_2CH_2COOH \xrightarrow[P]{Br_2}$ (　　　) $\xrightarrow[H_2O]{NaOH}$ (　　　)

4. 完成下列转化(其他试剂任选)。

(1) 丙酸 ⟶ 丁酸

(2) 溴苯 ⟶ 苯甲酸乙酯

5. 化合物 A 和 B 都有水果香味，分子式均为 $C_4H_6O_2$，都不溶于 NaOH 溶液。当与 NaOH 溶液共热时，A 生成一种羧酸盐和乙醛，B 生成甲醇和化合物 C，C 酸化后得到化合物 D，D 能使溴的四氯化碳溶液褪色。写出化合物 A、B、C 和 D 的结构式及相应的化学反应式。

11.3　典型题精解

1. 概念题。

(1) 比较下列羧酸的酸性强弱。

A. 苯-COOH　　B. Cl-苯-COOH　　C. NO_2-苯-COOH　　D. OCH_3-苯-COOH

解　C>B>A>D。原因：羧酸的酸性强弱主要看失去 H 以后的氧负离子稳定性。吸电子基使负离子电荷分散程度增大，稳定性增强，酸性增强。取代基吸电子能力为：

—NO$_2$>—Cl>—H>—OCH$_3$。

(2)比较下列化合物发生水解反应的难易程度。

A. 苯甲酰氯　　　B. 苯甲酰胺　　　C. 邻苯二甲酸酐　　　D. 苯甲酸甲酯

解　A>C>D>B。原因：一般羧酸衍生物发生水解、醇解和氨解的速率顺序为酰氯>酸酐>酯>酰胺。

(3)比较下列酯进行碱性水解时的速率。

A. CH$_3$CH$_2$COOC$_2$H$_5$　　　　　　　　B. (CH$_3$)$_2$CHCOOC$_2$H$_5$

C. CH$_3$CH$_2$CH$_2$COOC$_2$H$_5$　　　　　　D. (CH$_3$)$_3$CCOOC$_2$H$_5$

解　A>C>B>D。原因：酯进行碱性水解时为亲核加成-消除机理，α-碳上基团越多，亲核加成时的空间位阻越大，酯的水解速率越慢。

(4)比较下列羧酸的酸性强弱。

A. CH$_3$CH$_2$COOH　　　　　　　　B. (CH$_3$)$_2$CHCOOH

C. CH$_3$CHClCOOH　　　　　　　　D. ClCH$_2$CH$_2$COOH

解　C>D>A>B。原因：氯原子的吸电子诱导效应使酸性增强，甲基的给电子诱导效应使酸性减弱，而且诱导效应会随距离的增加而迅速减弱。

2. 完成下列反应。

(1)

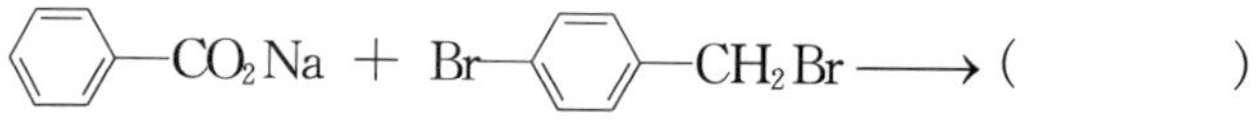

(2)

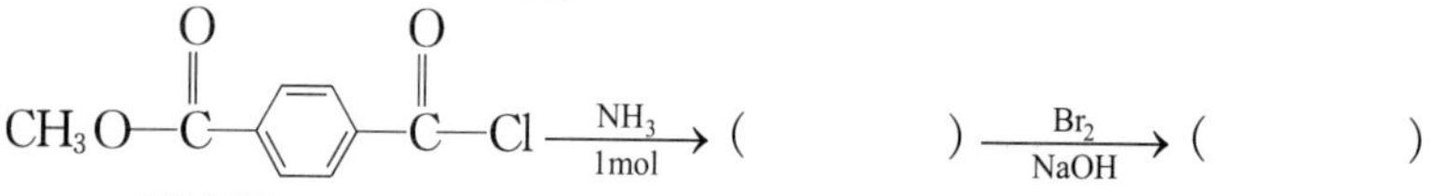

(3)

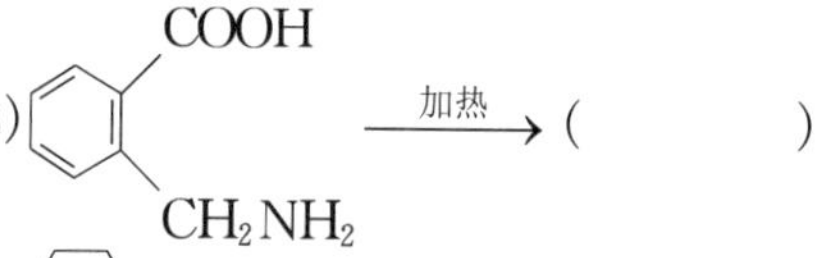

(4)

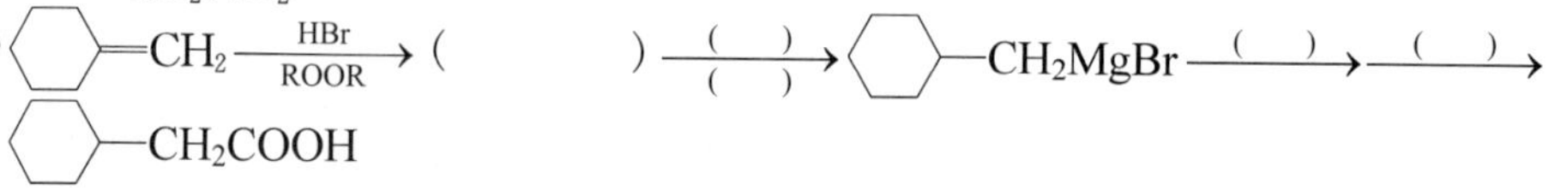

(5)

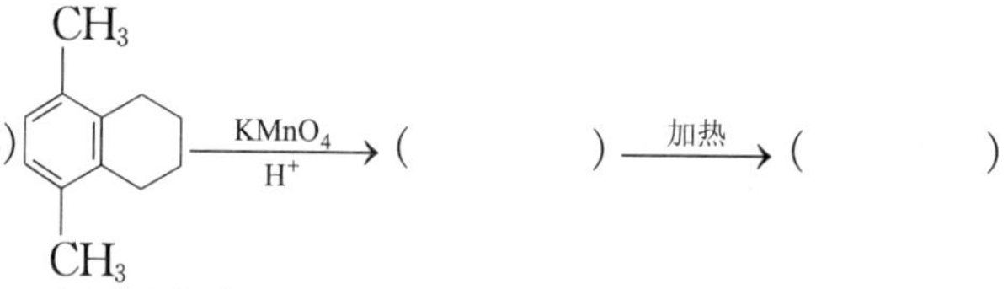

解　(1)因为苄基卤代烃比苯基卤代烃活泼得多，所以亲核取代产物为

(2)酰卤比酯活泼，酰氯优先被氨解生成酰胺，在 Br$_2$/NaOH 溶液中，酰胺发生霍夫曼重排生成—NH$_2$，另一边的酯基可能被碱水解为羧酸盐：

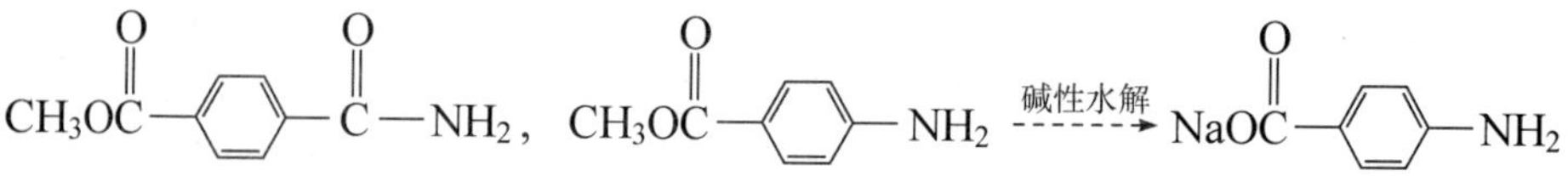

(3) 该反应为分子内的羧酸胺解，生成环状酰胺：

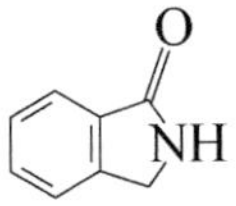

(4) 先发生烯烃的自由基加成反应(过氧化物效应)，接着与金属镁反应生成格氏试剂，然后与 CO_2 反应，水解后得到增加 1 个碳的羧酸：

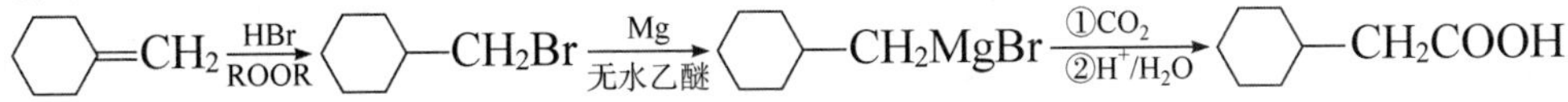

(5) 苯环侧链上有 α-H 的取代基，在强氧化剂作用下都可以氧化为羧基，相邻两个羧基加热条件下可以脱水生成五元环状酸酐：

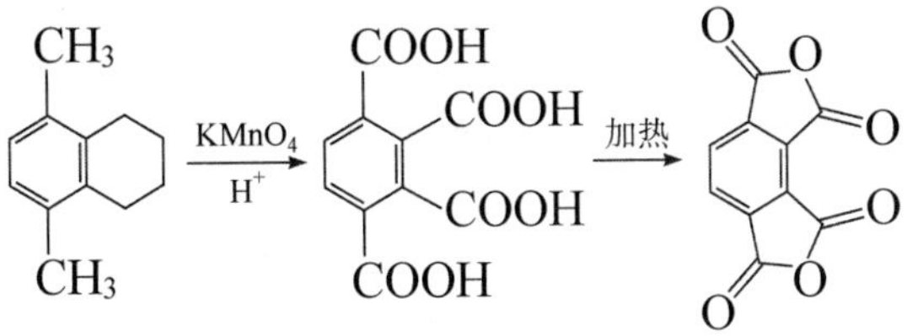

3. 鉴别题(用简单化学方法鉴别下列化合物)。

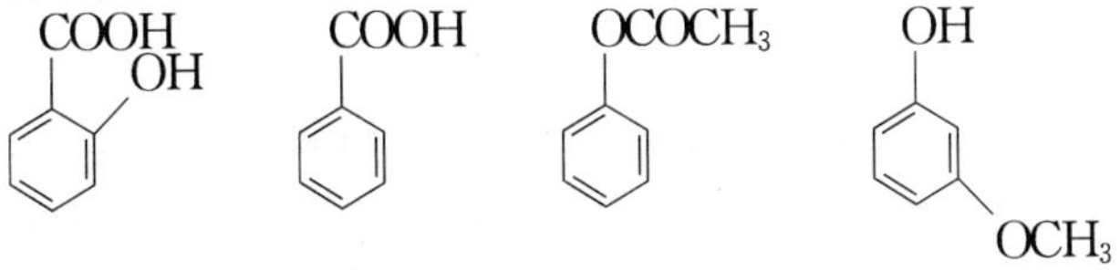

A　　　　　B　　　　　C　　　　　D

解　分析：这些化合物中有羧基、酚羟基、酯和醚等官能团。羧基有酸性，可用 $NaHCO_3$ 鉴别，酚羟基可与 $FeCl_3$ 反应显紫色，也可溶于 $NaOH$，而酯和醚不发生这些反应，因此鉴别方法如下：

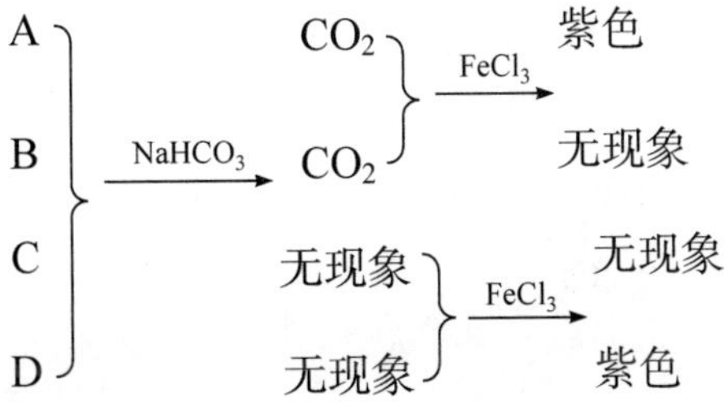

4. 完成下列转化(其他试剂任选)。

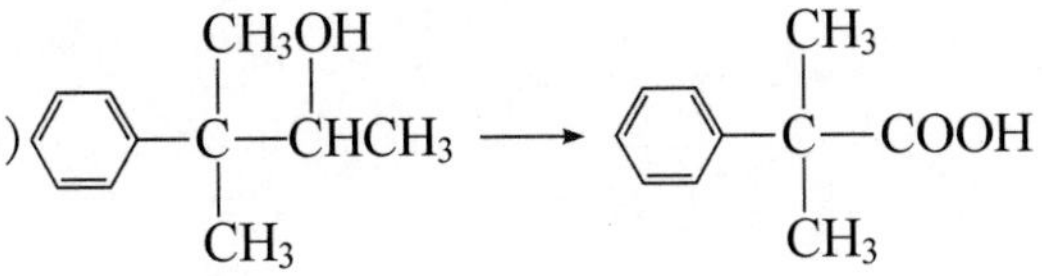

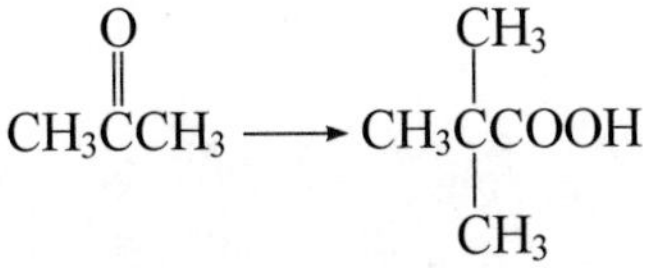

解　(1)分析：产物比原料少一个碳原子且为羧酸，原料可以在 $I_2/NaOH$ 作用下氧

化形成甲基酮结构，因此可以通过碘仿反应直接转化成产物。

$$\underset{\underset{CH_3}{|}}{\overset{\overset{CH_3}{|}}{C_6H_5-C}}-\underset{\underset{}{\overset{OH}{|}}}{CHCH_3} \xrightarrow[\text{NaOH}]{I_2} \xrightarrow[\text{H}_2\text{O}]{H^+} \underset{\underset{CH_3}{|}}{\overset{\overset{CH_3}{|}}{C_6H_5-C}}-COOH$$

（2）分析：产物比原料多两个碳原子，分别为—CH₃ 和—COOH，而且都与 2 号碳原子相连，甲基可以通过酮与格氏试剂（CH_3MgX）反应引入，羧基可以通过生成格氏试剂后，再与 CO_2 反应引入（具体见羧酸的制备）。

$$CH_3\overset{\overset{O}{\|}}{C}CH_3 \xrightarrow[\text{无水乙醚}]{CH_3MgBr} \xrightarrow[\text{H}_2\text{O}]{H^+} CH_3-\underset{\underset{CH_3}{|}}{\overset{\overset{CH_3}{|}}{C}}-OH \xrightarrow{PBr_3} CH_3-\underset{\underset{CH_3}{|}}{\overset{\overset{CH_3}{|}}{C}}-Br \xrightarrow[\text{无水乙醚}]{Mg}$$

$$CH_3-\underset{\underset{CH_3}{|}}{\overset{\overset{CH_3}{|}}{C}}-MgBr \xrightarrow{CO_2} \xrightarrow[\text{H}^+]{\text{H}_2\text{O}} CH_3\underset{\underset{CH_3}{|}}{\overset{\overset{CH_3}{|}}{C}}COOH$$

5. 推导题。

化合物 A（$C_3H_4OCl_2$）与冷水作用生成酸性化合物 B（$C_3H_5O_2Cl$），A 与乙醇反应生成液体化合物 C（$C_5H_9O_2Cl$），A 在水中煮沸可得化合物 D（$C_3H_6O_3$）；D 含有手性碳原子并且可以被乙酰化。试推断 A、B、C、D 的构造式。

解　通过计算可知，化合物 A 的不饱和度 $\Omega=1$，与冷水作用生成酸性化合物 B，说明 A 为酰氯，B 为羧酸，A 与乙醇反应生成的液体化合物 C 为酯。A 在水中煮沸可得化合物 D，D 含有手性碳原子并且可以被乙酰化，表明 D 含有羟基，而且该羟基与手性碳相连，因此 A、B、C、D 的构造式分别为

$$A.\ CH_3\underset{\underset{Cl}{|}}{CH}\overset{\overset{O}{\|}}{C}Cl \qquad B.\ CH_3\underset{\underset{Cl}{|}}{CH}\overset{\overset{O}{\|}}{C}OOH \qquad C.\ CH_3\underset{\underset{Cl}{|}}{CH}\overset{\overset{O}{\|}}{C}OC_2H_5 \qquad D.\ CH_3\underset{\underset{OH}{|}}{CH}\overset{\overset{O}{\|}}{C}OH$$

第 12 章　胺及其衍生物

12.1　知　识　要　点

12.1.1　胺的命名

简单的胺以习惯命名法命名,在胺之前加上烃基的名称来命名。如果是仲胺和叔胺,当烃基相同时,在前面用二或三表示烃基的数目;当烃基不同时,则按英文名称的字母顺序排列。对于季铵盐或季铵碱,其命名与上相同,在铵之前加上负离子的名称。

复杂的胺用系统命名法命名,将氨基作为取代基,以烃基或其他官能团作为母体,取代基按其英文名称首字母的顺序先后列出。

12.1.2　胺的结构

在氨和胺分子中氮是以 sp^3 杂化轨道和其他原子成键的,其中 3 个未成对电子分别占据着 3 个 sp^3 杂化轨道,每一个轨道与一个氢原子的 s 轨道或碳的杂化轨道重叠生成氨或胺,氮上还有一对孤电子对,占据另一个 sp^3 杂化轨道,处于棱锥体的顶端。

12.1.3　胺的碱性

影响胺类化合物碱性强弱的主要因素有:①水的溶剂化效应;②电子效应;③空间效应。溶剂化效应使其碱性强弱顺序为伯胺>仲胺>叔胺,单一的电子效应使胺的碱性由强至弱顺序为(气相中):$R_3N > R_2NH > RNH_2 > NH_3 \gg$ 芳香胺,碱性强度(在水溶液中):二甲胺>甲胺>三甲胺。综合多种因素,各类胺碱性强弱的大致排列顺序为季铵碱(强碱)$\gg$ 脂环仲胺(空间效应影响)>脂肪仲胺>脂肪族伯、叔胺>$NH_3 \gg$ 芳香胺。

12.1.4　胺的化学性质

1)烷基化反应

$$RNH_2 \xrightarrow{R'X} R^+NH_2R'X^- \xrightarrow{OH^-} RNHR'$$

$$RNHR' \xrightarrow{R'X} R^+NHR_2'X^- \xrightarrow{OH^-} RNR_2'$$

$$RNR_2' \xrightarrow{R'X} RN^+R_3'X^-$$

2)酰化反应

$$RNH_2 + CH_3COCl \longrightarrow RNHCOCH_3 + HCl$$

$$R_2NH + CH_3COCl \longrightarrow R_2NCOCH_3 + HCl$$

$$R_3N + CH_3COCl \longrightarrow 不反应$$

3) 磺酰化反应

Hinsberg 反应，可用来鉴别和分离伯、仲、叔胺。

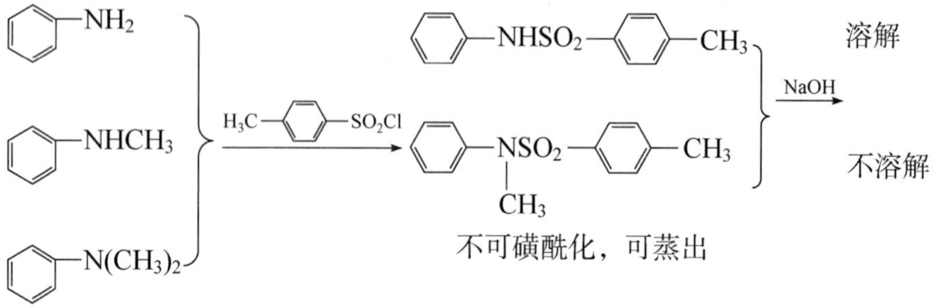

溶解

不溶解

不可磺酰化，可蒸出

4) 与亚硝酸反应

脂肪族伯胺的放氮反应：

$$CH_3CH_2CH_2NH_2 \xrightarrow{NaNO_2,\,HCl} CH_3CH_2CH_2\overset{+}{N}\!\equiv\!NCl^- \longrightarrow CH_3CH_2CH_2^+ + N_2\uparrow + Cl^-$$

醇、烯、卤代烃等

由于放出的氮气是定量的，因此可用于氨基的定量测定。

芳香族伯胺与亚硝酸在低温(一般在 5℃以下)及强酸水溶液中反应，生成芳基重氮盐，这个反应称为重氮化反应。例如：

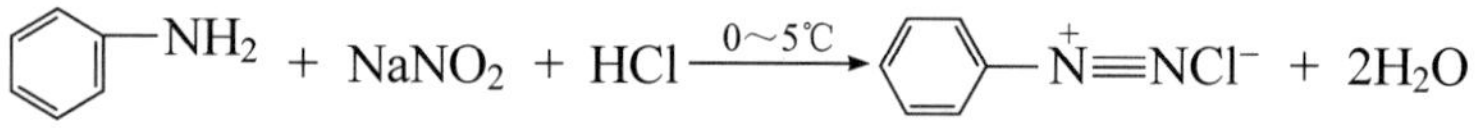

脂肪族和芳香族仲胺与亚硝酸作用都生成 N-亚硝基胺(黄色油状液体)，它与稀硝酸共热时，水解成原来的仲胺，可用来分离或提纯仲胺。脂肪族叔胺一般无上述类似的反应。芳香族叔胺与亚硝酸作用，则发生环上亚硝化反应，生成对亚硝基取代产物。

5) 霍夫曼消去反应

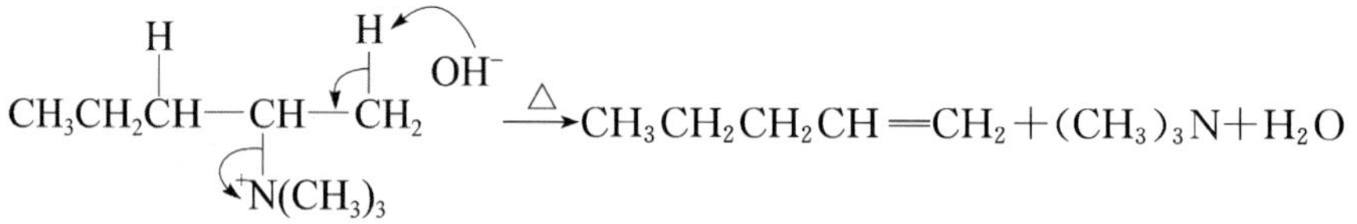

当 β-碳上有苯基、乙烯基、羰基等吸电子基团时，消除反应产物主要为札依采夫产物。

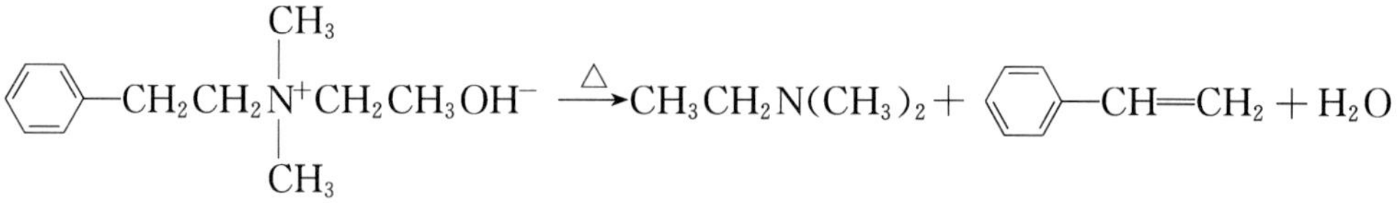

6) 芳香环上的亲电取代反应

氨基为强的给电子基团，活化苯环，苯胺及其衍生物的亲电取代反应极容易进行，在室温下就可以发生卤代、硝化、磺化反应。苯胺和溴水反应立即生成三溴苯胺的白色沉淀，可用来鉴定苯胺。

7) 重氮盐的反应

芳香族伯胺与亚硝酸在低温及强酸(主要是盐酸或硫酸)水溶液中能发生重氮化反应，生成重氮盐。重氮盐的化学性质非常活泼，重氮基可以被—OH、—X、—CN、—H 等原子或基团取代，在反应中同时有氮气放出，这一反应在有机合成中非常有用，通过它可以将芳环上的氨基转化成其他基团。

偶合反应：重氮盐在弱碱性或弱酸性溶液中与酚、芳香胺等具有强给电子基团的芳香化合物反应，生成偶氮化合物。偶合的位置一般在酚羟基或氨基对位，若对位被占，则在邻位上偶合。

$$\text{C}_6\text{H}_5\text{—N}^+\text{≡≡NCl}^- + \text{C}_6\text{H}_5\text{—OH} \xrightarrow[0℃]{\text{NaOH,H}_2\text{O}} \text{C}_6\text{H}_5\text{—N}\text{=}\text{N—C}_6\text{H}_4\text{—OH}$$

对羟基偶氮苯（橘红色）

$$\text{C}_6\text{H}_5\text{—N}^+\text{≡≡NCl}^- + \text{C}_6\text{H}_5\text{—N(CH}_3)_2 \xrightarrow[0℃]{\text{HAc/NaAc}} \text{C}_6\text{H}_5\text{—N}\text{=}\text{N—C}_6\text{H}_4\text{—N(CH}_3)_2$$

对(N,N-二甲基)氨基偶氮苯（黄色）

12.2 单 元 练 习

1. 命名下列化合物。

(1) $\text{CH}_3\overset{\overset{\displaystyle\text{NH}_2}{|}}{\underset{\underset{\displaystyle\text{CH}_3}{|}}{\text{C}}}\text{CH(CH}_3)_2$

(2) $\text{CH}_3\text{CH}_2\text{CH}_2\text{N(CH}_3)_2$

(3) $[(\text{C}_2\text{H}_5)_2\text{N(CH}_3)_2]^+\text{OH}^-$

(4) $\text{H}_2\text{NCH}_2\text{CH}_2\text{CH}_2\text{CH}_2\text{NH}_2$

(5) 环己基 $\overset{\overset{\displaystyle\text{C}_2\text{H}_5}{|}}{\text{N}}\text{CH}_3$

(6) $\text{Br—C}_6\text{H}_4\text{—N(CH}_3)_2$

2. 写出下列化合物的结构式。

(1) 氯化二甲基二乙基铵   (2) 胆碱   (3) 4-溴-4′-羟基偶氮苯

(4) N-甲基苯磺酰胺   (5) 氯化对溴重氮苯   (6) 乙酰苯胺

3. 将下列各组化合物按碱性强弱排列。

(1) 苯胺，对甲氧基苯胺，对氨基苯甲醛

(2) 甲酰胺，甲胺，尿素，邻苯二甲酰亚胺，氢氧化四甲铵

(3) $\text{CH}_3\text{CH}_2\text{NHCH}_2\text{CH}_3$, 哌啶NH, 环戊基—NH_2

4. 完成下列反应式。

(1) 3-甲基吡咯烷 $\xrightarrow[\text{过量}]{\text{CH}_3\text{I}}$ (   ) $\xrightarrow[\text{H}_2\text{O}]{\text{Ag}_2\text{O}}$ (   ) $\xrightarrow{\triangle}$ (   )

(2) $\text{CH}_3\text{O—C}_6\text{H}_4\text{—NHCH}_3 + \text{CH}_3\overset{\overset{\displaystyle\text{O}}{||}}{\text{C}}\text{Cl} \longrightarrow$ (   )

(3) $\text{C}_6\text{H}_5\text{—NH}_2 \xrightarrow[0\sim5℃]{\text{NaNO}_2,\text{HCl}}$ (   ) $\xrightarrow[\text{pH}=5\sim7]{\text{C}_6\text{H}_5\text{—N(CH}_3)_2}$ (   )

(4) $\text{C}_6\text{H}_6 \xrightarrow[\text{H}_2\text{SO}_4]{\text{HNO}_3}$ (   ) $\xrightarrow[\text{HCl}]{\text{Fe}}$ (   ) $\xrightarrow{\text{CH}_3\text{—C}_6\text{H}_4\text{—SO}_2\text{Cl}}$ (   )

(5) $\langle$◯$\rangle$—$CONH_2$ $\xrightarrow[NaOH]{Br_2}$ (　　) $\xrightarrow[0\sim5℃]{NaNO_2,HCl}$ (　　) $\xrightarrow{CuCN}$ (　　) $\xrightarrow[H_2O]{H^+}$ (　　)

(6) CH_3CH_2CN $\xrightarrow[H_2O]{H^+}$ (　　) $\xrightarrow{SOCl_2}$ (　　) $\xrightarrow{(C_2H_5)_2NH}$ (　　) $\xrightarrow[②H_2O]{①LiAlH_4}$ (　　)

5. 用化学方法区别下列各组化合物。

(1) $\langle$◯$\rangle$—NH_2 　　　 $\langle$◯$\rangle$—OH 　　　 $\langle$◯$\rangle$—CHO 　　　 $\langle$◯$\rangle$—NH_2

(2) $\langle$◯$\rangle$ (带 NH_2 和 CH_3) 　　 $\langle$◯$\rangle$—$NHCH_3$ 　　 $\langle$◯$\rangle$—$N(CH_3)_2$

6. 完成下列有机合成题(无机试剂可任选)。

(1) 由苯合成 1, 3, 5-三溴苯。

(2) 由苄醇合成苯酚。

(3) 由苯合成间氯溴苯。

(4) 由乙醇分别合成甲胺、乙胺、丙胺。

(5) 由苯合成对硝基苯甲酰氯。

(6) 由苯合成 Br—$\langle$◯$\rangle$—N=N—$\langle$◯$\rangle$—OH。

7. 化合物 A 的分子式为 $C_6H_{15}N$，能溶于稀盐酸，在室温下与亚硝酸作用放出氮气后得到 B；B 能进行碘仿反应。B 和浓硫酸共热得到分子式为 C_6H_{12} 的化合物 C；C 经臭氧氧化后再经锌粉还原水解得到乙醛和异丁醛。试推测 A、B、C 的结构式，并写出各步反应方程式。

8. 化合物 A 的分子式为 $C_7H_7NO_2$，与 Fe/HCl 反应生成分子式为 C_7H_9N 的化合物 B；B 和 $NaNO_2$/HCl 在 0~5℃ 反应生成分子式为 $C_7H_7ClN_2$ 的化合物 C；在稀盐酸中 C 与 CuCN 反应生成分子式为 C_8H_7N 的化合物 D；D 在稀酸中水解得到酸 E($C_8H_8O_2$)；E 用高锰酸钾氧化得到另一种酸 F；F 受热时生成分子式为 $C_8H_4O_3$ 的酸酐。试推测 A~F 的结构式。

12.3　典型题精解

1. 将下列化合物按碱性大小顺序排列。

CH_3NH_2　NH_3　CH_3O—$\langle$◯$\rangle$—NH_2　$\langle$◯$\rangle$—NH_2　$(CH_3)_2NH$　$\langle$◯$\rangle$—NH—$\langle$◯$\rangle$

解　由于烷基是给电子基团，所以脂肪胺碱性大于氨，考虑诱导效应、溶剂化效应和空间效应的关系，一般地，脂肪仲胺>脂肪伯、叔胺，对于芳香胺，氨基氮上未共用电子对参与苯环共轭体系，带有给电子基团的苯胺>苯胺>带有吸电子基团的苯胺。因而，上述化合物的碱性顺序为

$(CH_3)_2NH$>CH_3NH_2>NH_3>CH_3O—$\langle$◯$\rangle$—NH_2>$\langle$◯$\rangle$—NH_2>$\langle$◯$\rangle$—NH—$\langle$◯$\rangle$

2. 解释下列反应过程，提出合理的反应历程。

$$\text{⬡—CH}_2\text{NH}_2 \xrightarrow{\text{HNO}_2} \text{⬡—CH}_2\text{OH} + \text{⬠—OH} + \text{▱}$$

解　脂肪族伯胺与亚硝酸作用，生成的重氮盐很不稳定，失去氮气后形成碳正离子：

$$\text{⬡—CH}_2\text{NH}_2 \xrightarrow{\text{HNO}_2} [\text{⬡—CH}_2\text{N}_2^+] \xrightarrow{-\text{N}_2} \text{⬡—CH}_2^+$$

该碳正离子可以与水结合形成醇：

$$\text{⬡—CH}_2^+ \xrightarrow{\text{H}_2\text{O}} \text{⬡—CH}_2\overset{+}{\text{O}}\text{H}_2 \xrightarrow{-\text{H}^+} \text{⬡—CH}_2\text{OH}$$

由于四元环张力较大，易重排成更稳定的五元环碳正离子，然后与水结合形成醇：

$$\text{⬡—CH}_2^+ \longrightarrow \text{⬠}^+ \xrightarrow[-\text{H}^+]{\text{H}_2\text{O}} \text{⬠—OH}$$

或失去 β-氢，形成烯烃：

$$\text{⬠}^+\text{—H} \xrightarrow{-\text{H}^+} \text{⬠}$$

3. 用适当的化学方法鉴别苯胺、苯酚和环己胺。

解　氨基和羟基为强致活的第一类定位基，能使苯环上的电子云密度增加，极易发生亲电取代反应，滴加溴水即可生成白色沉淀物 2,4,6-三溴苯胺（或苯酚），苯酚由于结构中含有烯醇结构，可以使 $FeCl_3$ 显色，其鉴别过程可表示如下：

苯胺 → 白色沉淀 → 无现象（$FeCl_3$）
苯酚 —$\xrightarrow[\text{H}_2\text{O}]{\text{Br}_2}$→ 白色沉淀 → 蓝紫色
环己胺 → 无现象

4. 如何由甲苯制备间溴甲苯？

解　甲基是第一类定位基，不能采取直接溴代的方法将溴引入苯环的间位，需要先引入导向基，导向基的定位能力应该比甲基强，这样就可以使—CH_3 和—Br 处于间位，然后再将导向基除去。—NH_2 是很好的导向基，容易上去，也容易通过重氮化除去，但是定位能力太强，易形成多溴代产物，因而需要将氨基钝化，形成乙酰氨基后才能满足上述要求，其合成路线表示如下：

$$\text{⬡—CH}_3 \xrightarrow[\text{H}_2\text{SO}_4]{\text{HNO}_3} \text{CH}_3\text{—⬡—NO}_2 \xrightarrow{\text{Fe/HCl}} \text{CH}_3\text{—⬡—NH}_2 \xrightarrow{(\text{CH}_3\text{CO})_2\text{O}}$$

$$\text{CH}_3\text{—⬡—NHCOCH}_3 \xrightarrow{\text{Fe,Br}_2} \text{CH}_3\text{—⬡(Br)—NHCOCH}_3 \xrightarrow[\text{H}^+]{\text{H}_2\text{O}} \text{CH}_3\text{—⬡(Br)—NH}_2$$

$$\xrightarrow[0\sim5℃]{\text{HNO}_2} \text{CH}_3\text{—⬡(Br)—N}_2^+\text{Cl}^- \xrightarrow{\text{H}_3\text{PO}_2} \text{CH}_3\text{—⬡(Br)}$$

5. 化合物 A 的分子式为 $C_{11}H_{15}NO_2$，既溶于稀酸，又溶于稀碱，加入亚硝酸钠的盐酸溶液，转变为 B，分子式为 $C_{11}H_{14}O_3$，B 溶于稀碱并有碘仿反应，与浓硫酸共热得 C，分子式为 $C_{11}H_{12}O_2$，C 经臭氧氧化、Zn/H_2O 还原后生成 D 和乙醛，D 发生碘仿反应生成易脱水的 E，分子式为 $C_8H_6O_4$。试推测 A～E 的结构式。

解　推测结构式时，通常采用倒推法分析。根据 E 的分子中可能含有苯环，又易脱水，可能是邻位有两个羧基的化合物，E 是邻苯二甲酸；D 是臭氧氧化、Zn/H_2O 还原后生成的产物，而且能发生碘仿反应，则可推断 D 是一个甲基酮，为邻乙酰基苯甲酸；根据 C 的分子式及与 D 之间的反应关系，可以推测出 C 的结构式，根据反应关系进而推出 A、B 的结构。

A. 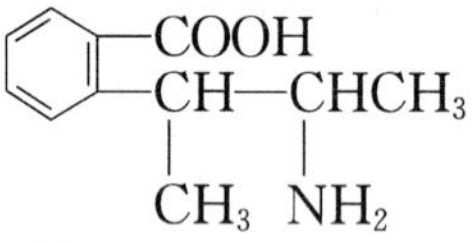 邻-C₆H₄(COOH)—CH(CH₃)—CH(NH₂)CH₃

B. 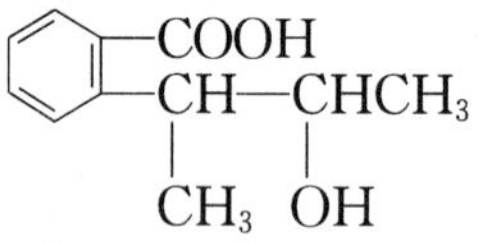 邻-C₆H₄(COOH)—CH(CH₃)—CH(OH)CH₃

C. 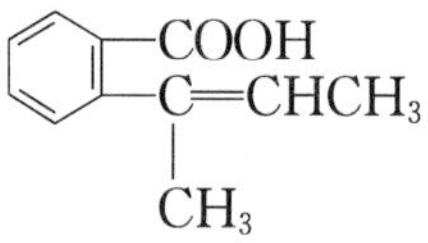 邻-C₆H₄(COOH)—C(CH₃)=CHCH₃

D. 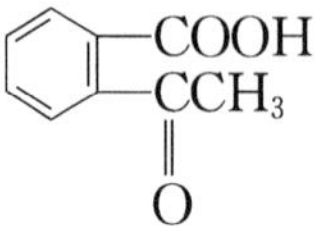 邻-C₆H₄(COOH)—C(=O)CH₃

E. 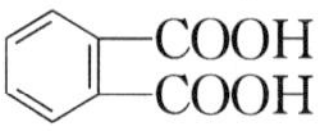 邻-C₆H₄(COOH)(COOH)

第 13 章　糖类化合物

13.1　知　识　要　点

13.1.1　单糖的结构

1)单糖结构的书写

单糖开链异构体的构型都可以用费歇尔投影式来表示，但为了书写方便，也可以写成结构简式。单糖的环状结构常用哈沃斯(Haworth)透视式表示。例如，D-(+)-吡喃葡萄糖常见的几种表示方法示例为

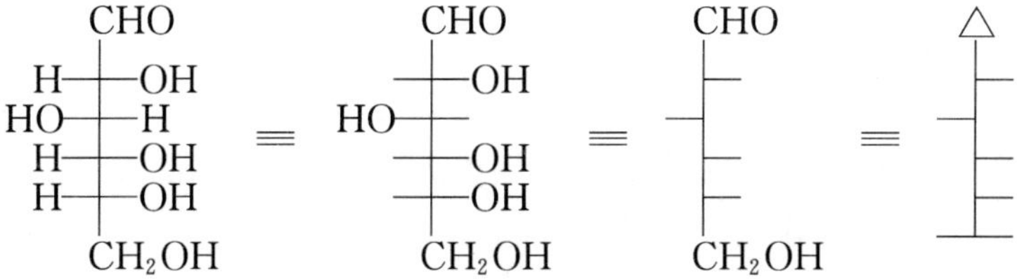

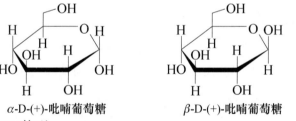

(注:△代表CHO,竖线代表碳链,长横线代表CH$_2$OH,短横线代表OH)

α-D-(+)-吡喃葡萄糖　　　　β-D-(+)-吡喃葡萄糖

2)D/L 构型和 *R/S* 构型

R/S 构型是手性碳绝对构型的表示方法，使用时必须标出每个手性碳的构型。而单糖的 D/L 构型的标记，只与链的羟甲基端的一个手性碳原子的构型有关。例如，开链单糖的 D/L 相对构型的标记，只取决于费歇尔投影式离羧基最远的那个手性碳原子的构型:其羟基向右的为 D 型，向左的为 L 型。单糖的环状结构常用哈沃斯透视式表示，其 D/L 构型判断方法见《有机化学(第五版)》(李春远等，科学出版社，2025)。

3)构象与稳定性

判断单糖构象稳定性时，需要复习并运用以前学过的取代环己烷的构象稳定性的分析方法。

13.1.2　单糖的化学性质

1)差向异构化

碱性条件下，糖的醛、酮基团的互变异构。

2）成酯和成醚

糖的羟基具有醇的性质，可成酯和成醚。其中糖的半缩醛(酮)羟基与另一含活泼H 的化合物(如 HO—、H_2N—、HS—等)脱水生成糖苷(glycoside)。

3）成脎反应

单糖和过量的苯肼一起加热即生成糖脎，成脎反应只发生在 C_1 和 C_2 上，不涉及其他碳原子。

4）氧化反应(弱氧化剂、溴水、稀硝酸)

(1) 显色反应(醛酮糖)。托伦试剂——银镜反应；本尼迪克特(Benedict)试剂或费林试剂——Cu_2O 红色沉淀。

(2) 与溴水反应。醛糖中的醛基被氧化，生成糖酸。

(3) 与稀硝酸反应。醛糖两端同时被氧化，生成糖二酸。

5）还原反应

糖的羰基还原 C=O ⟶ CH—OH，常用的还原剂有 $NaBH_4$、H_2/Ni 等。

6）显色反应

莫利希(Molisch)反应：所有的糖都能与浓硫酸和 α-萘酚反应生成紫色物质，是鉴别碳水化合物最简便的方法。此外，还有谢里瓦诺夫(Seliwanoff)反应、比阿耳(Bial)反应、蒽酮反应等可用来区别不同类型的糖。

13.1.3　二糖的结构与性质

1）还原性二糖

还原性二糖：一分子单糖的苷羟基(半缩醛羟基)与另一分子单糖的羟基失水缩合而成的二糖。具有一般单糖的性质：能与苯肼成脎，有变旋现象和还原性，如麦芽糖。

2）非还原性二糖

非还原性二糖：通过两个苷羟基缩合而成的二糖：不能与托伦试剂或费林试剂反应 (无游离的醛基)，不能与苯肼成脎，无变旋光现象，如蔗糖。

13.2　单元练习

1. 写出下列化合物的哈沃斯透视式。

(1) α-D-葡萄糖　　　　　　(2) β-D-呋喃果糖

2. 下列化合物中哪些没有变旋现象？

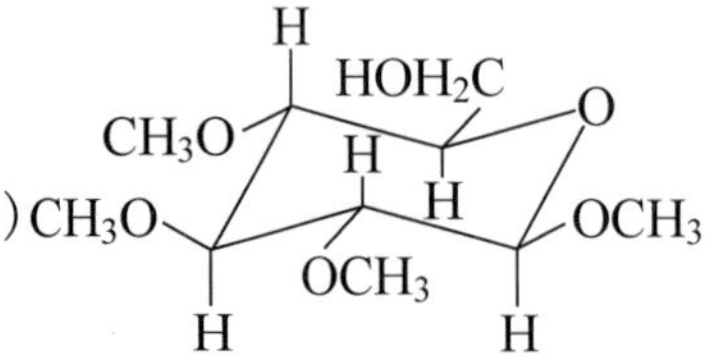

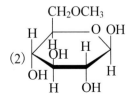

(3)

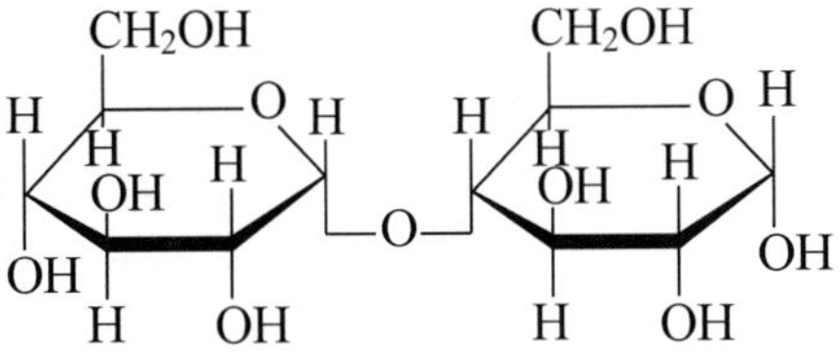

(4)

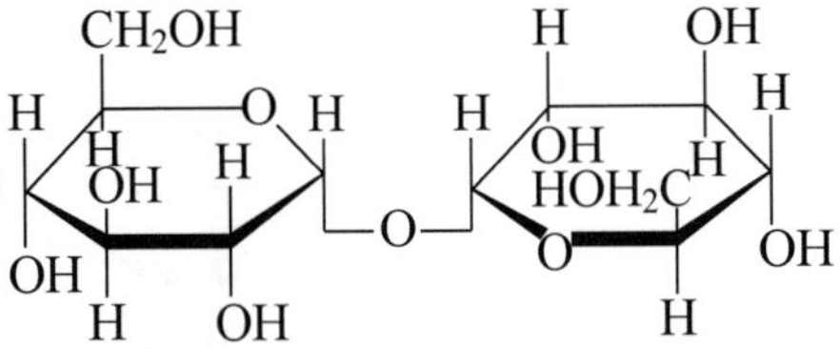

3. 下列化合物中，哪些能将费林试剂还原？说明理由。

(1)

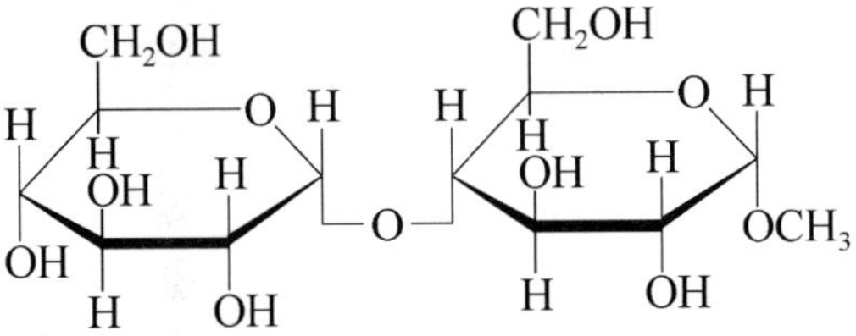

(2)

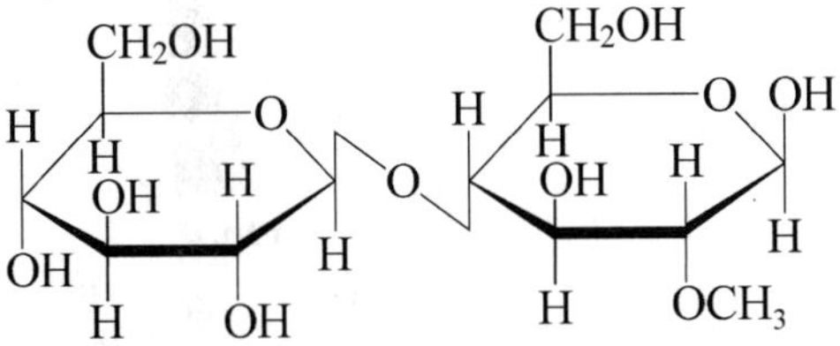

(3) 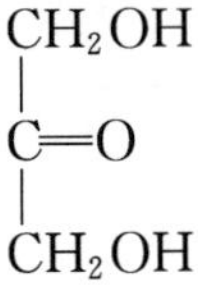
$$\begin{array}{c} CH_2OH \\ | \\ C=O \\ | \\ CH_2OH \end{array}$$

(4) 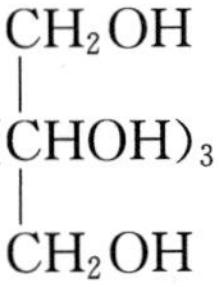
$$\begin{array}{c} CH_2OH \\ | \\ (CHOH)_3 \\ | \\ CH_2OH \end{array}$$

(5)

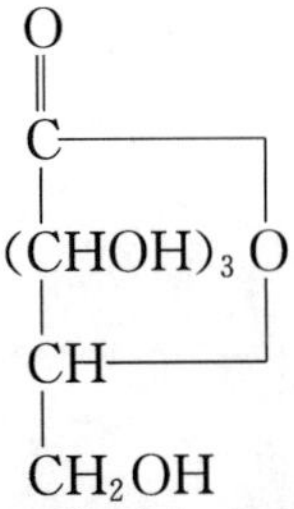

(6)

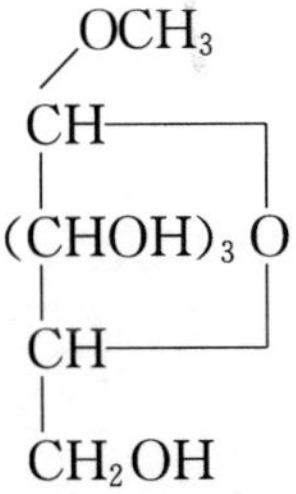

4. 用化学方法鉴别下列各组化合物。

(1) 蔗糖与麦芽糖　　　　　(2) 葡萄糖与果糖

5. 有两个具有旋光性的 L-丁醛糖 A 和 B，与苯肼作用生成相同的脎；用硝酸氧化后都生成二羟基丁二酸，但 A 的氧化产物具有旋光性而 B 的氧化产物不具旋光性。试推测 A 和 B 的结构。

6. 确定下列单糖的构型(D、L)，并指出它们是 α 式还是 β 式。

(1)

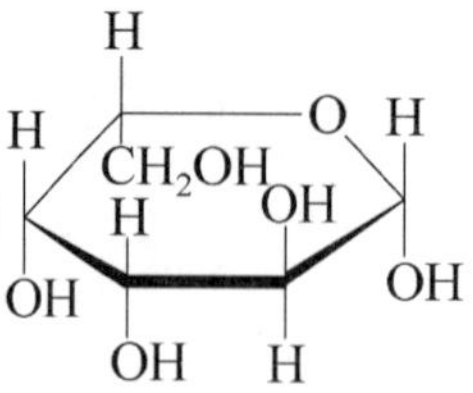

(2)

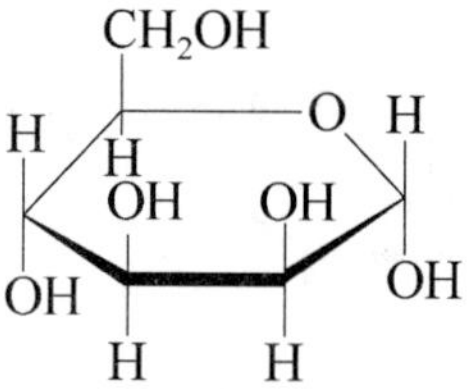

(3)

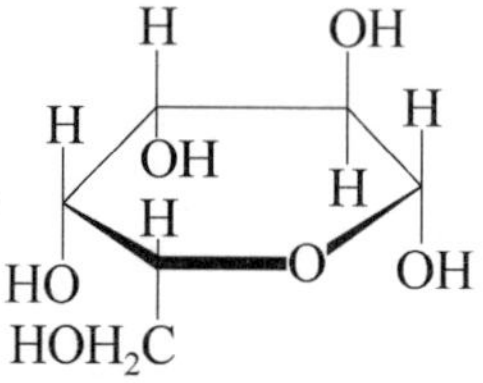

(4)

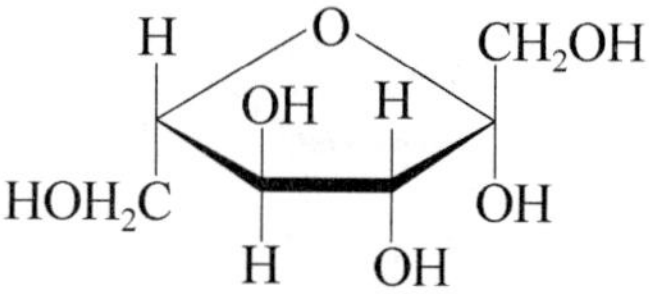

(5)

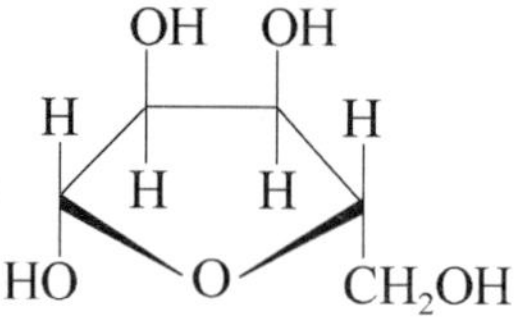

(6)

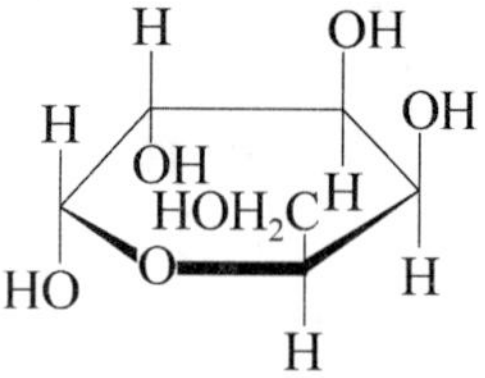

(7)

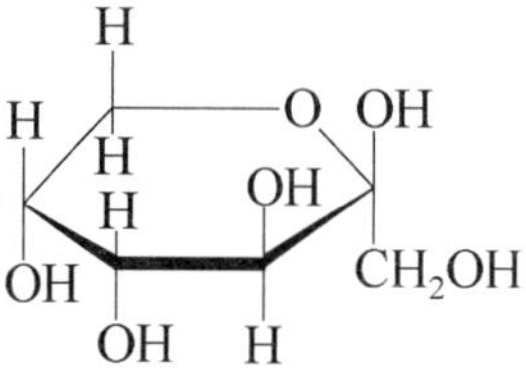

(8)

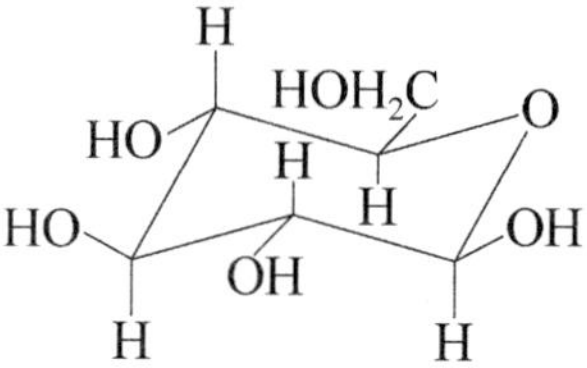

(9)

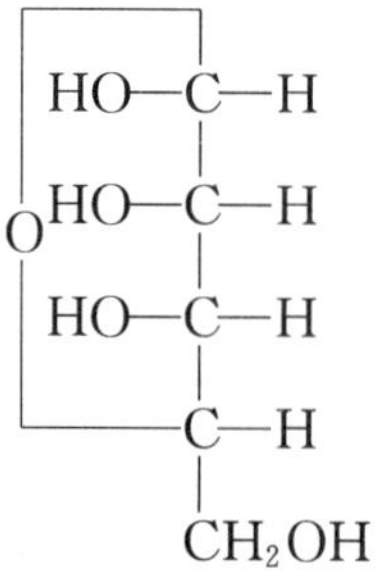

13.3　典型题精解

1. 写出 α-D-甘露糖的哈沃斯透视式。

解　糖的结构有开链式、环氧式、哈沃斯透视式等不同的表示方式，如果全部记忆，将会有不小的记忆量，通常我们只记忆常见单糖的开链式结构，环氧式、哈沃斯透视式可以从开链式快速转化而得。步骤如下。

(1) 先写出 D-甘露糖的开链式结构(费歇尔投影式)。

(2) 再写出 α-D-甘露糖的环氧式结构。

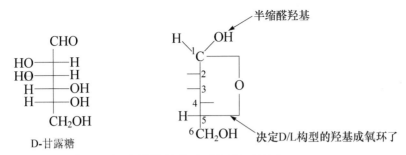

D-甘露糖

(3)将α-D-甘露糖的环氧式结构转化为哈沃斯透视式。

哈沃斯透视式中，环从氧到半缩醛羟基的方向为顺时针时，费歇尔投影式右边的基团放在哈沃斯透视式的环平面之下，而左边的基团放在哈沃斯透视式的环平面之上；同时，D 构型需将末端羟甲基(第 5 个碳上所连的羟甲基)置于哈沃斯透视式的环平面之上，而α构型则需将此末端羟甲基与半缩醛羟基放在环平面的异侧。

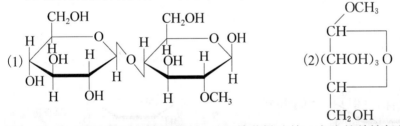

α-D-甘露糖

2. 下列化合物能否将费林试剂还原？有没有变旋现象？

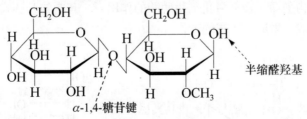

解 (1)此二糖中的两个单糖通过α-1,4-糖苷键连接，右边的单糖仍然保留有半缩醛羟基，在水溶液中可以自动开环形成醛基，因此具有还原性，能将费林试剂还原；同时由于开环可以形成环式结构和开链式结构互变异构平衡，因此也具有变旋现象。

(2)此化合物为糖苷，半缩醛羟基已与甲醇形成糖苷键，在水溶液中不可以自动开环形成醛基，因此不具有还原性，不能将费林试剂还原，同时也不具有变旋现象。

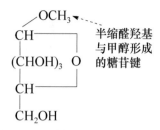

3. 确定下列单糖的构型(D、L),并指出它们是 α 式还是 β 式。

解　该化合物哈沃斯透视式中,环上由氧到半缩醛羟基的方向为逆时针,末端羟甲基在环平面之下,为 D 构型;而半缩醛与末端羟甲基在环平面同侧,则为 β 构型。

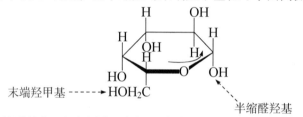

末端羟甲基 ----→ HOH₂C

半缩醛羟基

4. 写出 β-D-甘露糖与下列试剂反应的反应式。
(1)乙醇(干燥 HCl)　　　　　　　　(2)稀硝酸

解　(1)这是糖的环式结构的反应,生成对应构型的糖苷(环式产物)。

半缩醛羟基

配基

糖苷键

糖基

(2)这是糖的开链式结构的反应。β-D-甘露糖在水溶液中同样存在环式结构与开链式结构的互变异构平衡,在强氧化剂稀硝酸的作用下,其中的开链式的头尾两个官能团被氧化生成二酸,生成开链式的产物。

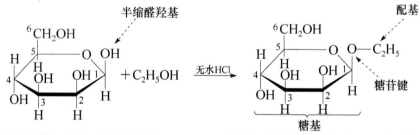

D-甘露糖二酸

5. 完成下列反应。

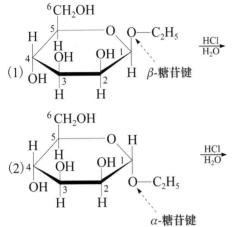

解　苷键比一般的醚键容易水解。在稀酸的作用下，可以水解为单糖和其他含羟基的化合物(非糖体)；而且由于单糖水溶液中，开链式结构与环氧式结构的互变异构平衡的存在，不管是 α 型，还是 β 型的糖苷，水解后均同时生成 α 型和 β 型单糖的混合物。

(1)

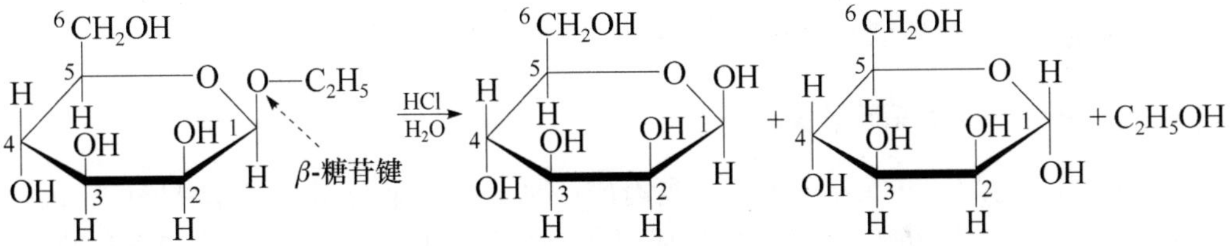

(2)

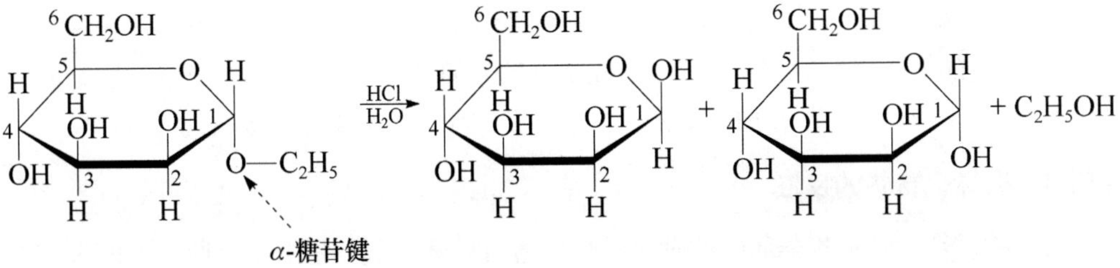

第 14 章　杂环化合物

14.1　知 识 要 点

14.1.1　杂环化合物的分类与命名

(1)分类。两种分类方法：①根据母核骨架分为单杂环和稠杂环；②根据是否有芳香性分为芳香环和非芳香环。

重点　芳香性的判断：处于闭合共轭体系中的 π 电子数是否满足 $(4n+2)$ 规则。

(2)命名。①编号从杂原子开始，用阿拉伯数字表示顺序，也可以将杂原子旁的碳原子依次用 α、β、γ 表示；②含有两个或多个杂原子的杂环，编号时应该使杂原子的位次尽可能地小，并且按 O、S、NH、N 的顺序决定优先原子，两个杂原子相同时，从连有 H 或取代基的原子开始编号；③命名时，芳香杂环可以作为母体，也可以作为取代基，规则与苯衍生物的命名类似。

14.1.2　杂环化合物的结构特征

(1)五元芳杂环。五元芳杂环中，所有成环原子都以 sp^2 杂化轨道重叠形成 σ 键；未参与杂化的 p 轨道互相平行重叠，形成闭合的 5 原子共用 6 电子的共轭体系(杂原子上带一对电子)。

(2)六元芳杂环。六元芳杂环中，所有成环原子都以 sp^2 杂化轨道重叠形成 σ 键，未参与杂化的 p 轨道相互平行重叠，形成闭合的 6 原子共用 6 电子的共轭体系(杂原子上带一个电子)，由于杂原子的吸电子诱导效应，环上的 π 电子云密度分布不均。

14.1.3　杂环化合物的反应

(1)酸碱性。五元芳杂环中的吡咯碱性比芳香胺还要弱，是由于氮原子上的未成对电子参与共轭，电子云密度降低，给出一对电子的能力减弱；吡咯的酸性比苯酚还要弱，与 KOH 溶液共热才能反应；六元芳杂环中，吡啶氮原子上的孤电子对伸向环平面外，很容易给出电子对，结合氢质子的能力较强，具有碱性，可以与酸形成稳定的盐类。

(2)亲电取代。五元芳杂环有芳香性，能进行亲电取代反应。由于杂环上 α 位的电子云密度比 β 位更高，所以亲电反应发生在 α 位上，其活性顺序为吡咯＞呋喃＞噻吩＞苯。六元芳杂环是缺电子体系，所以发生亲电取代反应要比苯困难，一般发生在 β 位。

(3)氧化反应：五元芳杂环是富电子芳环，极易被氧化，导致环的破裂或聚合物的生成；六元芳杂环是缺电子芳环，对氧化剂较稳定，比苯难氧化，但是环上的侧链容易被氧化。

(4)还原反应：缺电子的吡啶环容易被还原，可以发生催化加氢反应。

14.1.4 生物碱

生物碱是一类存在于植物中，对人和动物有强烈生理效应的碱性含氮化合物，也称植物碱。

大多数的生物碱是无色有苦味的晶体，一般都有旋光性，易溶于有机溶剂，除少数生物碱外，大部分不溶于水。提取生物碱一般有三种方法：加酸-碱提取法、加碱提取法及蒸馏法。

14.2 单元练习

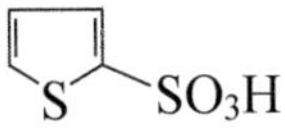

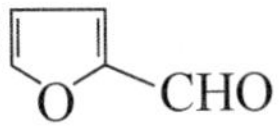

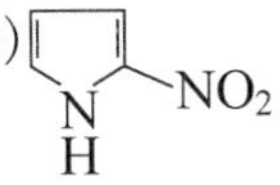

1. 命名下列化合物。

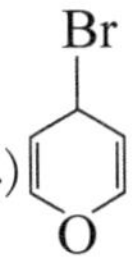

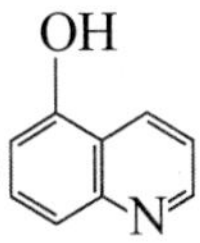

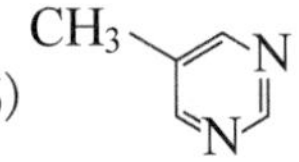

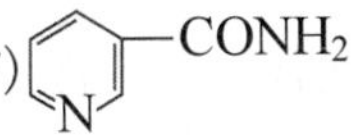

2. 比较下列化合物碱性的相对强弱，并说明理由。

(1)吡咯、吡啶、哌啶 　　　　(2)苯胺、吡啶、甲胺、氨、吡咯

3. 完成下列反应式。

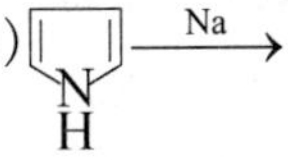

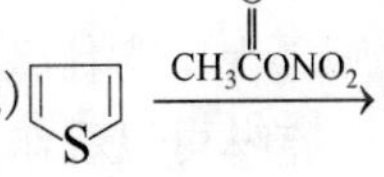

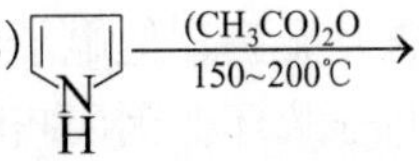

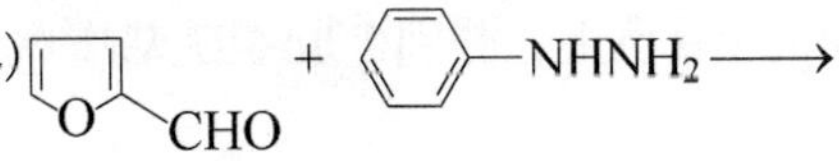

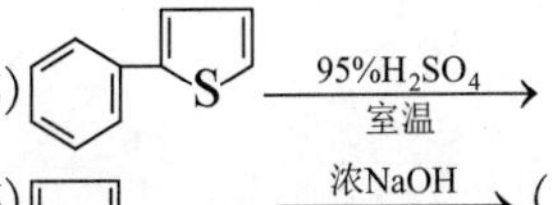

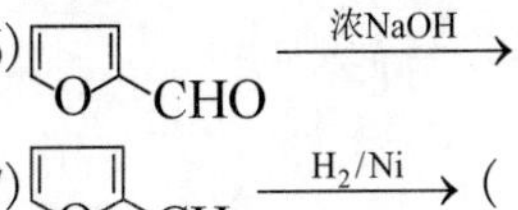

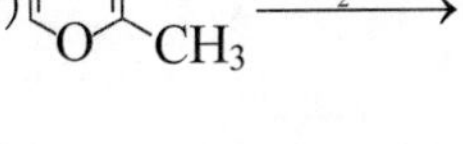

(8) [吡啶] $\xrightarrow[300℃]{Br_2}$ (　　　　)

(9) [吡啶] $\xrightarrow{CH_3I}$ (　　　　) $\xrightarrow{300℃}$ (　　　　)

(10) [吡啶] $\xrightarrow[300℃,24h]{浓H_2SO_4,\ 浓HNO_3}$ (　　　　)

(11) [吡啶-COOH] $\xrightarrow[\triangle]{NH_3}$ (　　　　) $\xrightarrow[NaOH]{Br_2}$ (　　　　)

(12) [呋喃-CHO] + $CH_3\overset{O}{\overset{\|}{C}}CH_3$ $\xrightarrow{NaOH}$ (　　　　)

(13) [呋喃] + $CH_3\overset{O}{\overset{\|}{C}}C\equiv C\overset{O}{\overset{\|}{C}}CH_3$ $\longrightarrow$ (　　　　)

(14) [吡啶-吡咯] $\xrightarrow{CH_3I}$ (　　　　)

14.3　典型题精解

1. 下列哪些化合物不具有芳香性? 说明理由。

A. [环戊二烯正离子]　B. [吡啶]　C. [呋喃]　D. [环戊二烯负离子]　E. [吡喃]

解　A 和 E。因为 A(环戊二烯正离子)环上碳正离子的 p 轨道是空轨道，环状闭合的共轭体系中的 π 电子数只有 4 个，不符合 $(4n+2)$ 个 π 电子数的休克尔规则，无芳香性；E(吡喃)环中 4-位 CH_2 的杂化类型是 sp^3，与环上其他原子不能共平面，不能形成环状的闭合共轭体系，不符合休克尔规则，无芳香性。B(吡啶)、C(呋喃)、D(环戊二烯负离子)都符合休克尔规则，有芳香性。

2. 喹啉发生硝化反应时，硝基取代在苯环上还是取代在吡啶环上? 为什么?

解　喹啉发生硝化反应时，硝基取代在苯环的 5-、8-位上。喹啉可以看作是苯并吡啶，体系中苯环与吡啶环上所有 π 电子形成一个相互交盖的大 π 键，但电子云密度分布不是很均匀。吡啶环是一个缺电子芳杂环，电子云密度低于苯环，因而喹啉的亲电取代反应发生在电子云密度较高的苯环的两个 α 位上，分别生成 5-硝基喹啉和 8-硝基喹啉。

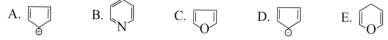

3. 比较下列化合物碱性的相对强弱，说明理由。

(1) 吡咯和四氢吡咯　　　　　　　　　(2) 吡啶和六氢吡啶

解　(1) 吡咯＜四氢吡咯。因为吡咯中的 N 上孤电子对参与了环上共轭，与环上碳原子的电子云发生了平均化作用，使 N 上的电子云密度比四氢吡咯小，不容易接受质子，所以体现较弱的碱性。

(2) 吡啶＜六氢吡啶。因为两者 N 上孤电子对均未参与共轭，无共轭效应的影响，但吡啶中的 N 原子是 sp^2 杂化，六氢吡啶中的 N 原子是 sp^3 杂化，采取 sp^2 杂化的碳原子的电负性比 sp^3 杂化的碳原子的电负性大，吸电子能力强，使吡啶中 N 上电子云密度小，不容易接受质子，碱性弱。

4. 完成下列反应。

解

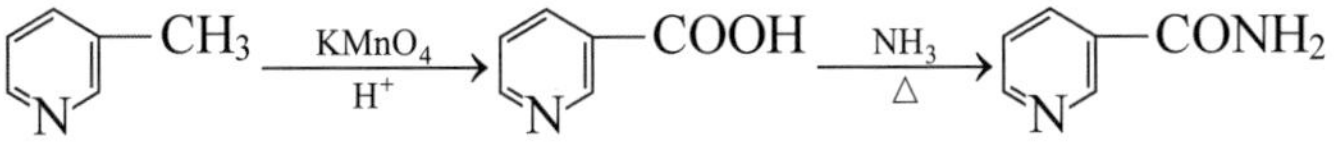

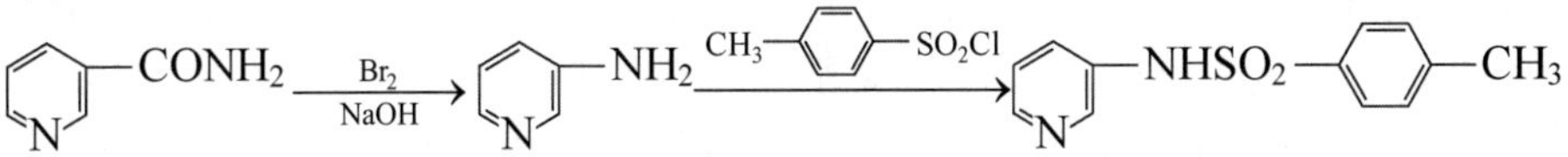

第 15 章　氨基酸、蛋白质和核酸

15.1　知 识 要 点

15.1.1　氨基酸

1) 氨基酸的分类、结构和命名

氨基酸是羧酸分子中烃基上的氢原子被氨基($-NH_2$)取代后的衍生物。构成蛋白质的氨基酸有 30 余种，主要是α-氨基酸，其结构通式为 RCHCOOH，其构型一般都是

$$NH_2$$

L 型。氨基酸多采用俗称的方法来命名。

2) 氨基酸的性质

(1) 两性性质与等电点。在一般情况下，氨基酸没有游离的羧基和氨基，而以偶极离子形式出现，称其为两性离子。当氨基酸的酸性离解和碱性离解的程度正好相等，这种状态下的溶液的 pH 称为该氨基酸的等电点(isoelectric point，pI)。

(2) 氨基和羧基的反应。氨基酸是双官能团化合物，氨基可与亚硝酸、甲醛、2,4-二硝基氟苯发生反应，还可以被过氧化氢或高锰酸钾等氧化剂氧化，生成α-亚氨基酸，然后进一步水解，脱去氨基生成α-酮酸。羧基可以与醇反应，还可以加热脱羧。

(3) 与水合茚三酮的反应。该反应生成蓝紫色物质。除脯氨酸外，该反应很灵敏，是鉴定α-氨基酸最为迅速简便的方法。

15.1.2　蛋白质

(1) 蛋白质组成与结构。蛋白质分子是由α-氨基酸经首尾相连形成的多肽链，肽链在三维空间具有特定的、复杂而精细的结构。蛋白质的结构通常分为一级结构、二级结构、三级结构和四级结构四种层次，蛋白质的二级、三级、四级结构统称为蛋白质的空间结构或高级结构。

(2) 蛋白质的性质。蛋白质具有两性和胶体性质。在酸性或碱性的条件下水解，最终形成多种α-氨基酸。盐析、加热、加脱水剂、加入某些生物碱等能发生沉淀现象。

当蛋白质在某些物理和化学因素影响下，如加热、加压、超声、光照、辐照、振荡、搅拌、干燥、脱水或强酸、强碱、重金属盐及有机溶剂(乙醇、丙酮、脲等)作用下，缔合的肽链松展开来，它的多级空间结构受到破坏而不复存在，发生变性。

蛋白质还能发生显色反应，如遇硝酸显黄色，与茚三酮反应均能生成蓝紫色物质等。

15.1.3　酶的结构与性质

从化学组成及其理化性质的分析结果来看，酶是蛋白质。可根据其化学组成分为单纯酶和结合酶两大类。酶作为一种特殊的催化剂，除具有一般催化剂的共性(如反应前后酶本身没有量的改变，只加速反应而不改变反应平衡等)外，还有催化效率极高、专一性(选择性)高、反应条件温和等特点。

15.1.4　核酸的组成与结构

核酸是由许多核苷酸聚合而成的。将核苷酸用核苷酸酶水解后得到磷酸和由嘌呤或嘧啶类的杂环碱和戊糖所组成的核苷。核酸分为核糖核酸(RNA)和脱氧核糖核酸(DNA)。在 DNA 的双螺旋中，A(腺嘌呤)与 T(胸腺嘧啶)配对，G(鸟嘌呤)与 C(胞嘧啶)配对。RNA 的碱基主要是 A、G、C 和 U(脲嘧啶)四种。

15.2　单 元 练 习

1. 给出下列各步反应中的中间体和产物的结构式。

(1) $CH_3CO_2C_2H_5 + (CO_2C_2H_5)_2 \xrightarrow{NaOC_2H_5} A \xrightarrow{稀H_2SO_4} B \xrightarrow[H_2/Pt]{NH_3} C$

(2) $CH_2{=}CHCHO \xrightarrow{CH_3SH} A \xrightarrow[HCN]{NH_3} B \xrightarrow{H_3O^+} CH_3SCH_2CH_2CH(NH_2)CO_2H$

(3) $PhCH_2OCOCl + H_2NCH_2CO_2H \longrightarrow A \xrightarrow[DCC]{对硝基酚} B \xrightarrow{CH_3CH(NH_2)CO_2H} C \xrightarrow[Pt]{H_2} D$

(4) $CH_3CONHCH(CO_2C_2H_5)_2 + H_2C{=}CHCHO \longrightarrow A \xrightarrow[HAc]{KCN} (C_{13}H_{20}O_6N_2) B$

$\xrightarrow{H_3O^+} C \xrightarrow{H_2} D \xrightarrow{Ac_2O} E \xrightarrow[(2)H_3O^+]{(1)OH^-} (\pm)\text{- 赖氨酸}$

(5)
$\xrightarrow{-2EtOH} A \xrightarrow{OH^-} B$

$\xrightarrow{(CH_3)_2CO} C \xrightarrow[py]{(C_6H_5CH_2O)_2PCl} D \xrightarrow{H_3O^+} E \xrightarrow[Pd]{H_2} 尿嘧啶核苷-5'-磷酸$

2. 给出丙氨酸和下列各试剂反应后得到的产物。

(1) $NaOH/H_2O$　　　　(2) HCl/H_2O　　　　(3) $C_6H_5CH_2OCOCl$　　　　(4) $(CH_3CO)_2O$

(5) $NaNO_2/HCl$　　　　(6) $CH_2{=}C{=}O$　　　　(7) $CH_2N{=}C{=}S$　　　　(8) $(CH_3)_2SO_4$

15.3　典型题精解

1. 写出丝氨酸与下列试剂的反应产物。

(1) 茚三酮　　　　(2) DNFB　　　　(3) CH_3OH, HCl　　　　(4) 邻苯二甲酸酐

解 (1) 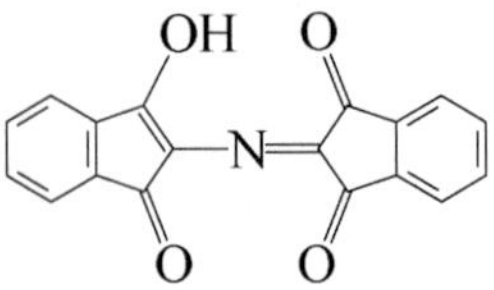 ＋ HOCH₂CHO (2)

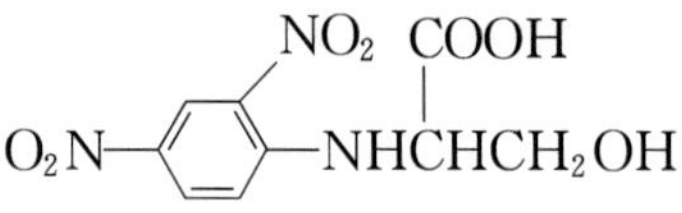

(3) HOCH₂CHCOOCH₃
　　　　　|
　　　　　$\overset{+}{NH_3}$

(4)

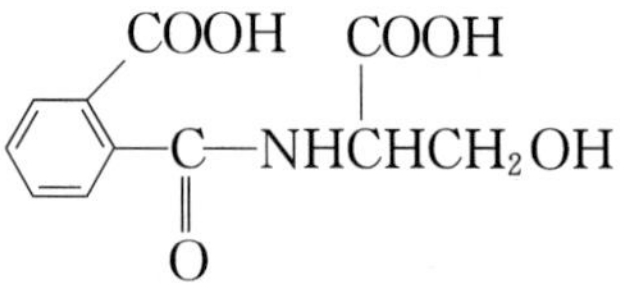

2. 用适当原料合成下列氨基酸。

(1) CH₃CH₂CH₂CH₂CHCOOH
　　　　　　　　　　|
　　　　　　　　　　NH₂

(2) HOOCCH₂CH₂CHCOOH
　　　　　　　　　|
　　　　　　　　　NH₂

解 分析：氨基酸的制备方法有很多种，除教材介绍的方法外，以丙二酸酯法最常用，该方法又分为邻苯二甲酰亚胺丙二酸酯法和乙酰氨基丙二酸酯法（具体参见：王积涛，有机化学，2003：662），前者可用如下反应通式表示：

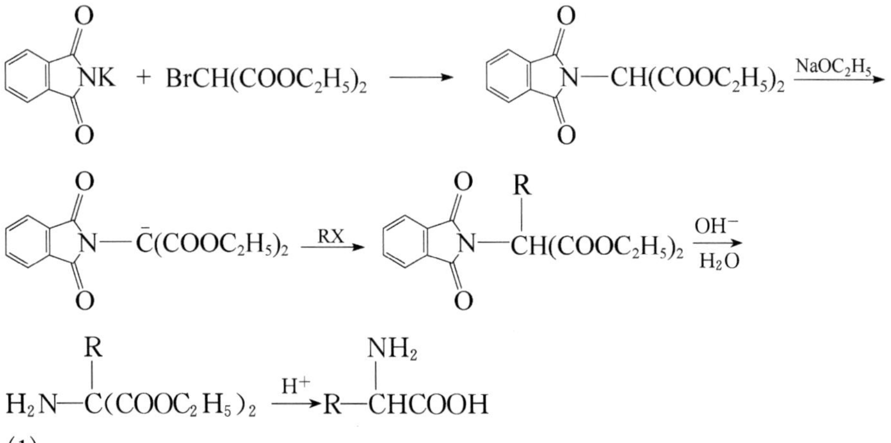

(1)

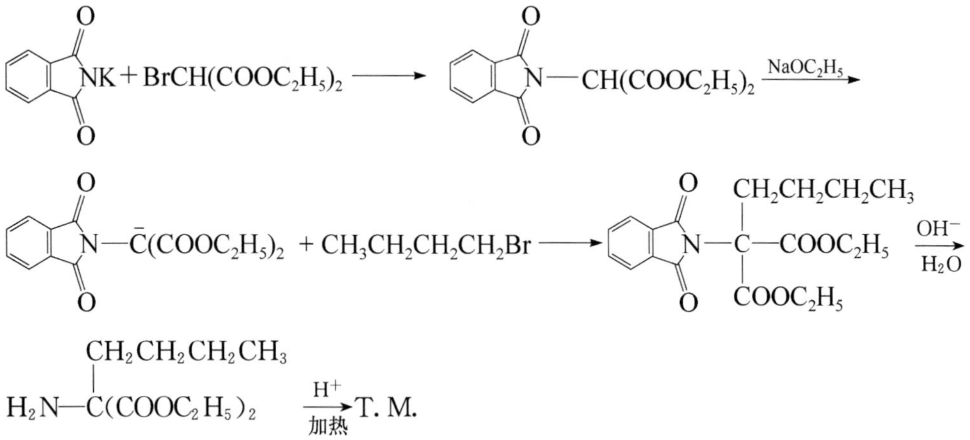

(2)

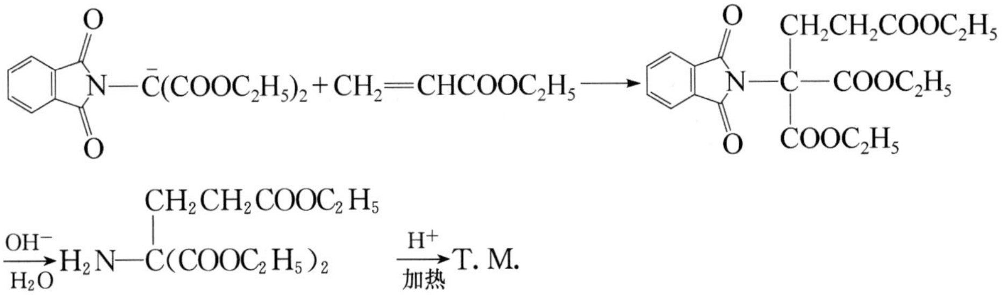

$$\text{邻苯二甲酰亚胺} - \bar{C}(COOC_2H_5)_2 + CH_2=CHCOOC_2H_5 \longrightarrow \text{邻苯二甲酰亚胺} - N - \underset{COOC_2H_5}{\overset{CH_2CH_2COOC_2H_5}{\underset{|}{\overset{|}{C}}} - COOC_2H_5}$$

$$\xrightarrow[\text{H}_2\text{O}]{\text{OH}^-} H_2N - \underset{}{\overset{CH_2CH_2COOC_2H_5}{\underset{|}{C}}}(COOC_2H_5)_2 \xrightarrow[\text{加热}]{\text{H}^+} \text{T. M.}$$

综合练习题及参考答案

综合练习题(Ⅰ)

一、单项选择题(每小题 2 分，共 50 分，系统命名请按中国化学会和有机化合物命名审定委员会发布的《有机化合物命名原则(2017)》解答)

1. 1,2-二氯乙烷的优势构象为( )。

A. 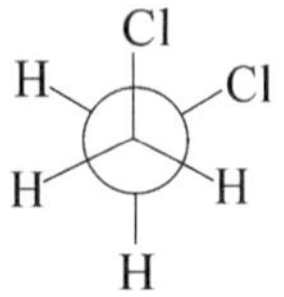 B. 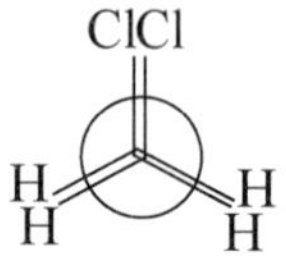 C. 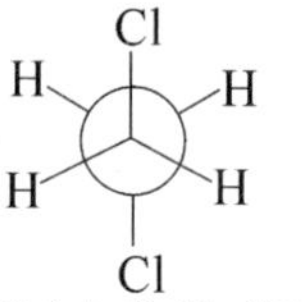 D.

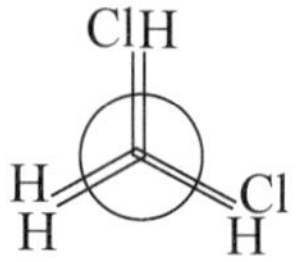

2. 某化合物结构式如下，判断编号为 3 的 C 原子杂化类型及该化合物的手性( )。

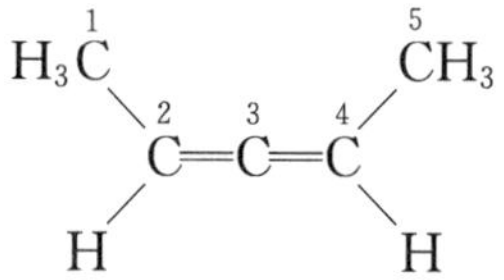

A. sp^2，有　　　　B. sp，有　　　　C. sp^2，没有　　　D. sp，没有

3. 化合物 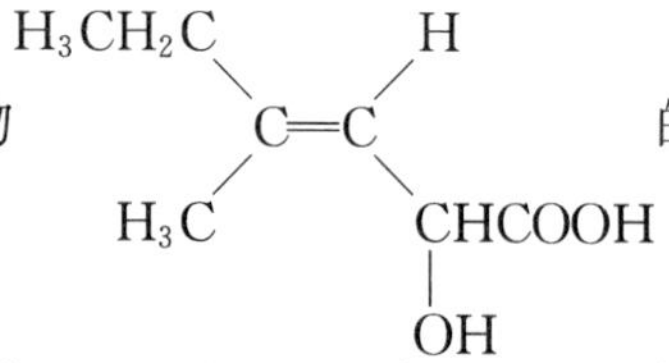 的系统命名法名称为( )。

A. (Z)-2-羟基-4-甲基己-3-烯酸　　　　　B. (E)-2-羟基-4-甲基己-3-烯酸

C. (Z)-4-甲基-2-羟基己-3-烯酸　　　　　D. (E)-4-甲基-2-羟基己-3-烯酸

4. 下列碳正离子最稳定的是( )

A. $CH_3\overset{+}{C}HCH_3$　　　　　　　　　B. $CH_2=CH-\overset{+}{C}HCH_3$

C. $CH_2=CH-CH_2\overset{+}{C}H_2$　　　　　D. 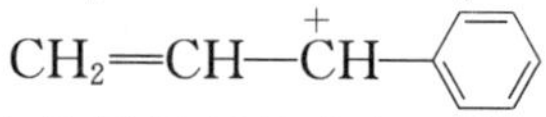 $CH_2=CH-\overset{+}{C}H-$〇

5. 下列 1-叔丁基-3-甲基环己烷的椅式构象中能量最低的为( )。

A.  B.

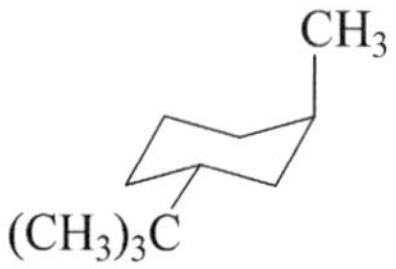

C. 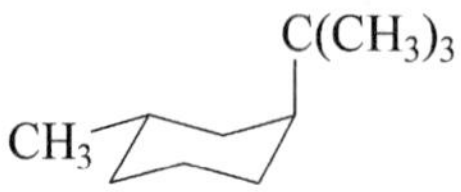 D.

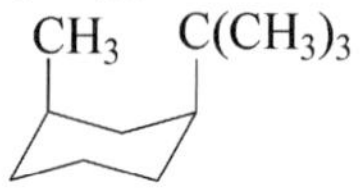

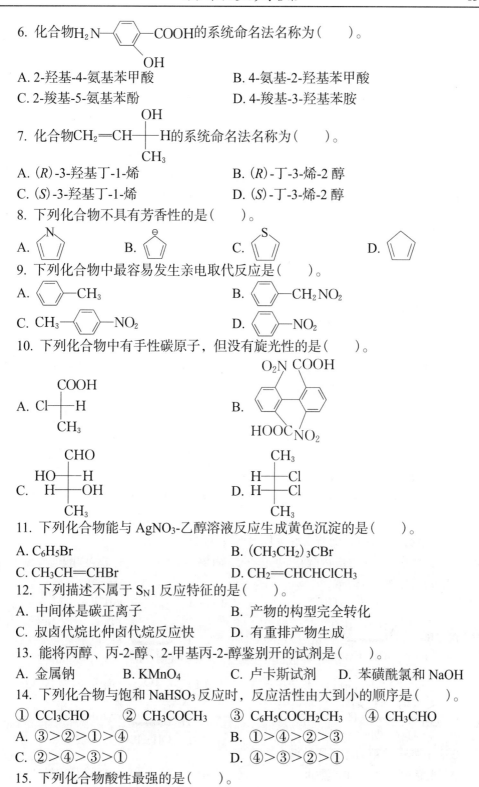

6. 化合物 H₂N——C₆H₃(OH)——COOH 的系统命名法名称为（　　）。

A. 2-羟基-4-氨基苯甲酸　　　　　B. 4-氨基-2-羟基苯甲酸

C. 2-羧基-5-氨基苯酚　　　　　　D. 4-羧基-3-羟基苯胺

7. 化合物 CH₂=CH——CH(OH)——CH₃ 的系统命名法名称为（　　）。

A. (R)-3-羟基丁-1-烯　　　　　　B. (R)-丁-3-烯-2 醇

C. (S)-3-羟基丁-1-烯　　　　　　D. (S)-丁-3-烯-2 醇

8. 下列化合物不具有芳香性的是（　　）。

A.　　　　　B.　　　　　C.　　　　　D.

9. 下列化合物中最容易发生亲电取代反应是（　　）。

A.〔苯环〕—CH₃　　　　　　　　B.〔苯环〕—CH₂NO₂

C. CH₃—〔苯环〕—NO₂　　　　　D.〔苯环〕—NO₂

10. 下列化合物中有手性碳原子，但没有旋光性的是（　　）。

A. Cl—C(COOH)(H)—CH₃

B.〔联苯结构〕

C. HO—C(CHO)(H)—C(H)(OH)—CH₃

D. H—C(CH₃)(Cl)—C(H)(Cl)—CH₃

11. 下列化合物能与 AgNO₃-乙醇溶液反应生成黄色沉淀的是（　　）。

A. C₆H₅Br　　　　　　　　　　　B. (CH₃CH₂)₃CBr

C. CH₃CH=CHBr　　　　　　　　D. CH₂=CHCHClCH₃

12. 下列描述不属于 S_N1 反应特征的是（　　）。

A. 中间体是碳正离子　　　　　　B. 产物的构型完全转化

C. 叔卤代烷比仲卤代烷反应快　　D. 有重排产物生成

13. 能将丙醇、丙-2-醇、2-甲基丙-2-醇鉴别开的试剂是（　　）。

A. 金属钠　　　　B. KMnO₄　　　　C. 卢卡斯试剂　　　　D. 苯磺酰氯和 NaOH

14. 下列化合物与饱和 NaHSO₃ 反应时，反应活性由大到小的顺序是（　　）。

① CCl₃CHO　　　② CH₃COCH₃　　　③ C₆H₅COCH₂CH₃　　　④ CH₃CHO

A. ③>②>①>④　　　　　　　　　B. ①>④>②>③

C. ②>④>③>①　　　　　　　　　D. ④>③>②>①

15. 下列化合物酸性最强的是（　　）。

A. $CH_3CHCOOH$　　B. $CH_3CHCOOH$　　C. $CH_3CHCOOH$　　D. CH_3CH_2COOH
$\quad\ \ |$　　　　　　　　　　$|$　　　　　　　　　　$|$
$\quad\ \ F$　　　　　　　　　　Cl　　　　　　　　　　Br

16. 下列化合物中能与 $FeCl_3$ 发生显色反应的是（　　）。

A. $CH_3COCH_2CH_2COOCH_3$　　　　　B. $CH_3COOC_2H_5$

C. $CH_3COCH_2COOC_2H_5$　　　　　　D. CH_3COCH_3

17. 下列化合物不能发生碘仿反应的是（　　）。

A. CH_3CH_2CHO　　　　　　　　　　B. $CH_3CH(OH)CH_2CH_2CH_3$

C. $C_6H_5COCH_3$　　　　　　　　　　D. $CH_3CH_2COCH_3$

18. 通过格氏试剂与醛酮反应制备 3-戊醇的原料是（　　）。

A. 乙醛和 n-C_3H_7MgBr　　　　　　B. 丙醛和 C_2H_5MgBr

C. 丙酮和 C_2H_5MgBr　　　　　　　D. 丙醛和 n-C_3H_7MgBr

19. 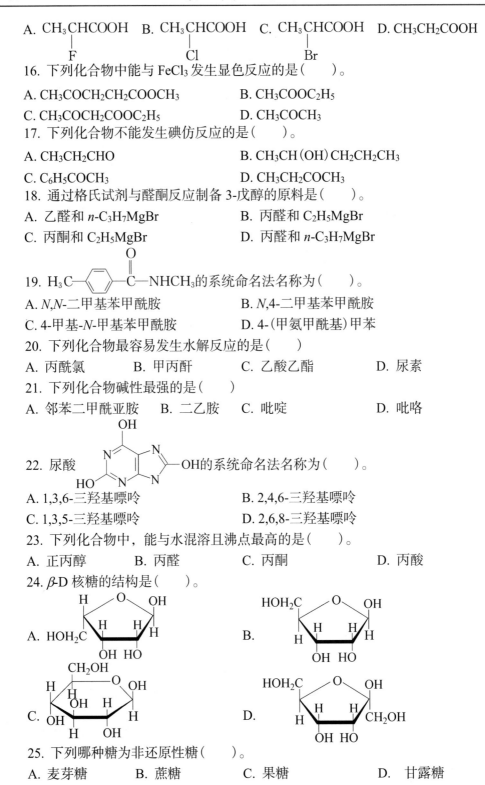的系统命名法名称为（　　）。

A. N,N-二甲基苯甲酰胺　　　　　　B. $N,4$-二甲基苯甲酰胺

C. 4-甲基-N-甲基苯甲酰胺　　　　　D. 4-(甲氨甲酰基)甲苯

20. 下列化合物最容易发生水解反应的是（　　）

A. 丙酰氯　　　　B. 甲丙酐　　　　C. 乙酸乙酯　　　　D. 尿素

21. 下列化合物碱性最强的是（　　）

A. 邻苯二甲酰亚胺　　B. 二乙胺　　C. 吡啶　　　　D. 吡咯

22. 尿酸 　　　　　　　　　的系统命名法名称为（　　）。

A. 1,3,6-三羟基嘌呤　　　　　　B. 2,4,6-三羟基嘌呤

C. 1,3,5-三羟基嘌呤　　　　　　D. 2,6,8-三羟基嘌呤

23. 下列化合物中，能与水混溶且沸点最高的是（　　）。

A. 正丙醇　　　　B. 丙醛　　　　C. 丙酮　　　　　D. 丙酸

24. β-D 核糖的结构是（　　）。

25. 下列哪种糖为非还原性糖（　　）。

A. 麦芽糖　　　　B. 蔗糖　　　　C. 果糖　　　　　D. 甘露糖

二、完成下列反应式(每空 1 分，共 20 分)

1. $\bigcirc$—CH$_2$CH=CH$_2$ $\xrightarrow{B_2H_6}$ $\xrightarrow{H_2O_2/OH^-}$ (   )

2. $\bigcirc$—CH=CH$_2$ $\xrightarrow[h\nu]{Br_2}$ (   ) $\xrightarrow[C_2H_5OH]{NaOH}$ (   )

3. $\bigcirc$ + $\begin{matrix}COOEt\\COOEt\end{matrix}$ $\xrightarrow{加热}$ (   )

4. (CH$_3$)$_2$CH—$\bigcirc$ $\xrightarrow{(\quad)}$ (   ) $\xrightarrow{(\quad)}$ Cl—$\bigcirc$—COOH

5. $\bigcirc$—ONa + Br—$\bigcirc$—CH$_2$Br $\longrightarrow$ (   )

6. $\bigcirc$—CHO + (CH$_3$)$_2$CHCHO $\xrightarrow{稀 NaOH}$ (   )

7. Br—$\bigcirc$—COOH $\xrightarrow{SOCl_2}$ (   ) $\xrightarrow[AlCl_3]{C_6H_6}$ (   )

8. $\bigcirc$—CONH$_2$ $\xrightarrow{Br_2/NaOH}$ (   ) $\xrightarrow{C_6H_5SO_2Cl}$ (   )

9. HOCH$_2$CH$_2$CH$_2$Cl $\xrightarrow{NaCN}$ (   ) $\xrightarrow{H_3O^+}$ (   )

10. CH$_3$C(O)—$\bigcirc$—C≡CH $\xrightarrow[HgSO_4/H_2SO_4]{H_2O}$ (   ) $\xrightarrow{NaBH_4}$ (   )

11. Br—$\bigcirc$—Cl $\xrightarrow[无水乙醚]{Mg}$ (   ) $\xrightarrow[②H^+/H_2O]{①CO_2}$ (   ) $\xrightarrow[H_2SO_4]{C_2H_5OH}$ (   )

三、用简便且能产生明显现象的化学方法鉴别下列化合物(3 小题，共 10 分)

1. (3 分)苯乙炔、苯乙烯、乙苯
2. (4 分)丁醛、丁酮、丁醇、丁酸
3. (3 分)苯酚、苯胺、N-甲基苯胺

四、合成题(完成题意要求)(每题 5 分，共 10 分)

1. 由丙烯为原料合成 2-甲基丙-1-醇(不能选用其他有机试剂，无机试剂任选)。
2. 以苯为原料合成间氯苯酚(无机试剂任选)。

五、推断题(2 小题，共 10 分)

1. 化合物 A 的分子式为 C$_7$H$_7$NO$_2$，与 Fe/HCl 反应生成分子式为 C$_7$H$_9$N 的化合物 B；B 和 NaNO$_2$/HCl 在 0～5℃反应生成分子式为 C$_7$H$_7$ClN$_2$ 的化合物 C；在稀盐酸中 C 与 CuCN 反应生成分子式为 C$_8$H$_7$N 的化合物 D；D 在稀酸中水解得到一种酸 E(C$_8$H$_8$O$_2$)；E 用高锰酸钾氧化得到另一种酸 F；F 受热时生成分子式为 C$_8$H$_4$O$_3$ 的酸酐。试推测 A、B、C、D、E、F 的结构式。(6 分)

2. 化合物 A($C_3H_4OCl_2$)与冷水作用生成酸性化合物 B($C_3H_5O_2Cl$)，A 与乙醇反应生成液体化合物 C($C_5H_9O_2Cl$)，A 在水中煮沸可得化合物 D($C_3H_6O_3$)；D 含有手性碳原子并且可以被乙酰化。试推断 A、B、C、D 的构造式。(4 分)

综合练习题(Ⅱ)

一、单项选择题(每小题 2 分，共 50 分)

1. 下列结构中，所有的碳均为 sp^2 杂化的是(　　)。

A. 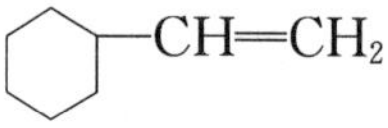 ⬡—CH=CH₂　　B. 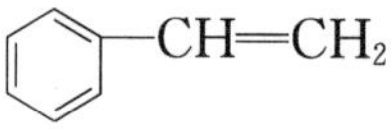 ⌬—CH=CH₂　　C. 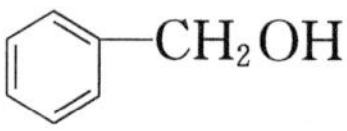 ⌬—CH₂OH　　D. 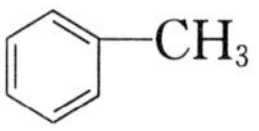 ⌬—CH₃

2. 正己烷的优势构象为(　　)。

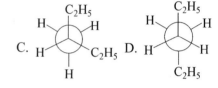

3. 下列碳自由基最稳定的是(　　)。

A. 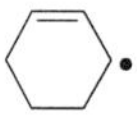 ⬡•　　　　B. 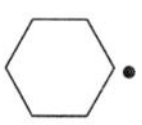 ⬡•　　　　C. 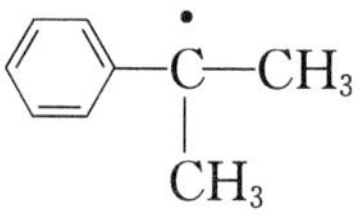 ⌬—Ċ—CH₃ (CH₃)　　　D. 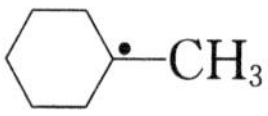 ⬡•—CH₃

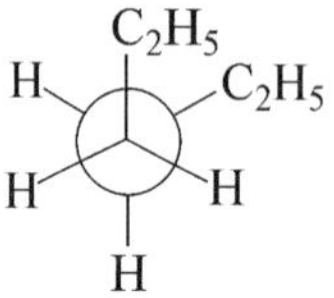

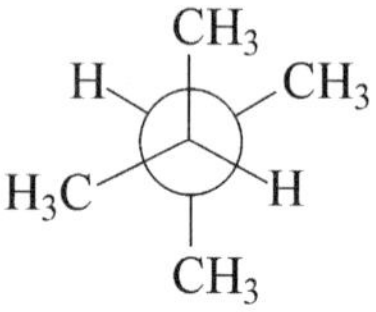

4. 下列化合物的系统命名法名称为(　　)。

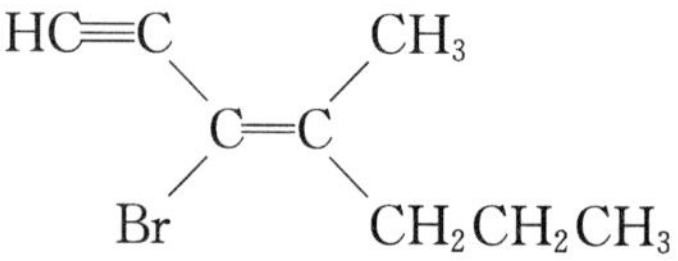

$$HC≡C—C=C—CH_3,\ CH_2CH_2CH_3,\ Br$$

A. (Z)-3-溴-4-甲基庚-3-烯-1-炔　　　B. (Z)-3-溴-4-甲基庚-1-炔-3-烯

C. (E)-4-甲基-3-溴庚-1-炔-3-烯　　　D. (E)-3-溴-4-甲基庚-3-烯-1-炔

5. 下列反-1-叔丁基-3-甲基环己烷的椅式构象中最稳定的为(　　)。

A. 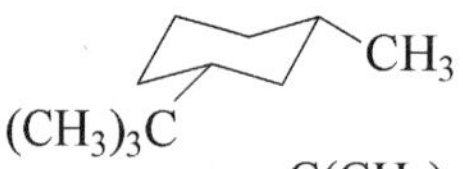 (结构式)　　B. 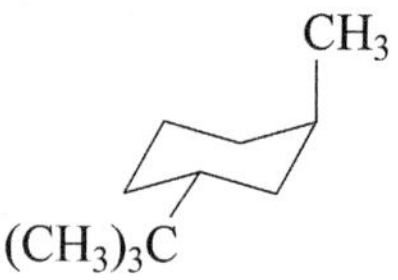 (结构式)

C. 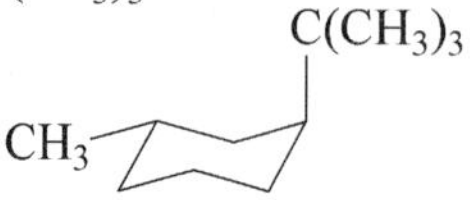 (结构式)　　D. 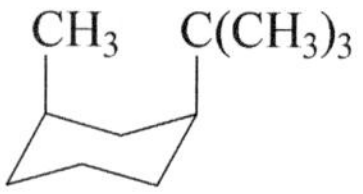 (结构式)

6. 化合物 (苯环，NO₂，CHO，OH) 的系统命名法名称为(　　)。

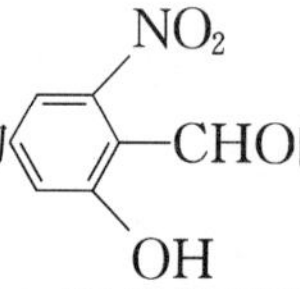

A. 6-硝基-2-羟基苯甲醛　　　　B. 2-羟基-6-硝基苯甲醛

C. 2-硝基-6-羟基苯甲醛　　　　D. 2-甲酰基-3-硝基苯酚

7. 下列化合物不具有芳香性的是（　　　）。

A.  　　　　B.  　　　　C.  　　　　D.

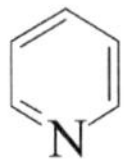

8. 化合物 CH_2=CH—CH(COOH)(CH_3)—H 的系统命名法名称为（　　　）。

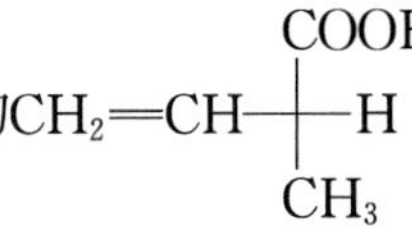

A. (R)-2-甲基丁-3-烯酸　　　　　　　　B. (R)-3-甲基丁-1-烯酸

C. (S)-2-甲基丁-3-烯酸　　　　　　　　D. (S)-3-甲基丁-1-烯酸

9. 下列化合物中最容易发生亲电取代反应是（　　　）。

A. 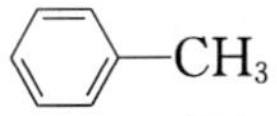 　　　　　　　　　　B.

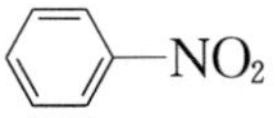

C.  CH_3—〇—NO_2　　　　　　　　D. 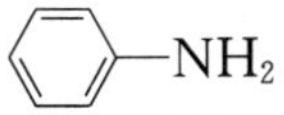 〇—NH_2

10. 下列化合物中既有手性碳原子，又有旋光性的是（　　　）。

A. 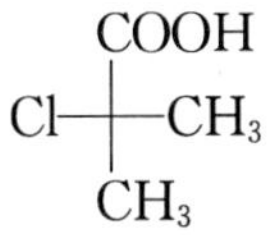 　　　　　　　　B.

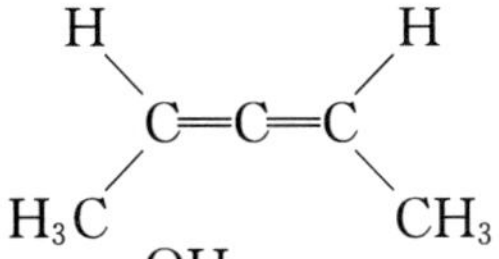

C. 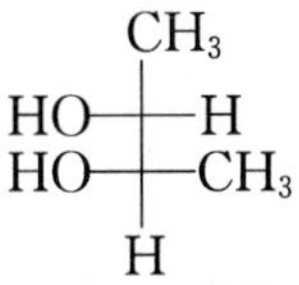 　　　　　　　　D.

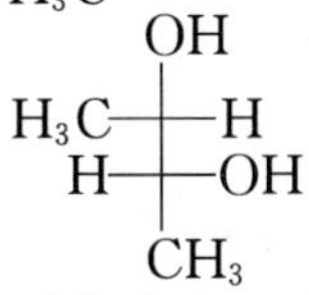

11. 2-溴-2-甲基丁烷在 NaOH 醇溶液中主要发生（　　　）反应。

A. S_N1　　　　　B. S_N2　　　　　C. E1　　　　　D. E2

12. 能将伯、仲、叔醇鉴别开的试剂是（　　　）

A. 银氨溶液　　　　　　　　　　B. $ZnCl_2$/浓盐酸

C. 硝酸银/乙醇溶液　　　　　　D. 酸性 $KMnO_4$ 溶液

13. 下列化合物中酸性最强的是（　　　）

A. 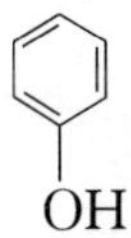 　　　　B. 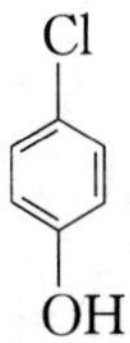 　　　　C. 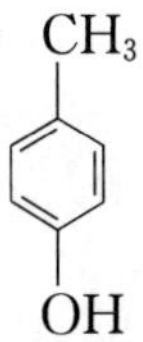 　　　　D.

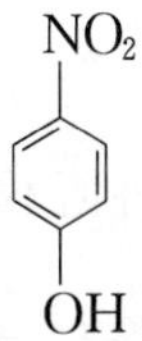

14. 下列化合物与饱和 $NaHSO_3$ 反应时，反应活性由大到小的顺序是（　　　）。

①CH_3CHO　　　　②CCl_3CHO　　　　③ $C_6H_5COC_6H_5$　　　　④CH_3COCH_3

A. ②>①>③>④　　　　　　　　B. ②>①>④>③

C. ①>②>④>③　　　　　　　　D. ①>②>③>④

15. 下列化合物不能发生碘仿反应的是（　　　）。

A. 正丁醇　　　　B. 戊-2-醇　　　　C. 苯乙酮　　　　D. 乙醛

16. 通过格氏试剂与醛酮反应制备 2-甲基戊-2-醇的原料是（　　　）。

A. 丁醛和 C_2H_5MgBr　　　　　　　　B. 丙酮和 n-C_3H_7MgBr

C. 丁-2-酮和 C_2H_5MgBr　　　　　　D. 丙酮和 iso-C_3H_7MgBr

17. 下列化合物不能与 $FeCl_3$ 发生显色反应的是（　　　）。

A. 乙酰乙酸乙酯　B. 乙酰丙酸乙酯　C. 戊-2,4-二酮　D. 水杨酸

18. 下列化合物碱性最强的是（　　　）。

A. 乙酰苯胺　　　B. 苯胺　　　　　C. 尿素　　　　　　D. 氢氧化四乙铵

19. $CH_3\overset{O}{\overset{\|}{C}}$——$\overset{O}{\overset{\|}{C}}$—$NH_2$ 的系统命名法名称为（　　　）。

A. 对甲酰胺基苯乙酮　　　　　　B. 对乙酰基苯甲酰铵

C. 4-(氨甲酰基)苯乙酮　　　　　D. 4-乙酰基苯甲酰胺

20. 下列化合物最容易发生水解反应的是（　　　）。

A. 苯甲酰氯　　　B. 邻苯二甲酸酐　C. 苯甲酸甲酯　　D. 乙酰苯胺

21. 下列化合物中，能与水混溶且沸点最高的是（　　　）。

A. 正丁醇　　　　B. 丁醛　　　　　C. 丁酮　　　　　　D. 丁酸

22. 　　　 的系统命名法名称为（　　　）。

A. 2-羟基-5-甲基嘧啶　　　　　　B. 1-羟基-4-甲基嘧啶

C. 5-甲基-2-羟基嘧啶　　　　　　D. 4-甲基-1-羟基嘧啶

23. 能将丙胺、N-甲基丙胺、N,N-二甲基丙胺鉴别开的试剂是（　　　）。

A. 酸性 $KMnO_4$ 溶液　　　　　　B. 苯磺酰氯和 NaOH

C. $ZnCl_2$/浓盐酸　　　　　　　　D. $NaNO_2$

24. 某种糖的结构式如下，其构型是（　　　）。

A. α-D　　　　　　B. α-L　　　　　　C. β-D　　　　　　D. β-L

25. 下列哪种糖不能与托伦试剂反应（　　　）。

A. 葡萄糖　　　　B. 蔗糖　　　　　C. 果糖　　　　　　D. 甘露糖

二、完成下列反应式(每空 1 分，共 20 分)

1. $\overset{Br_2}{\underset{h\nu}{\longrightarrow}}$(　　　　　)$\overset{NaOH}{\underset{C_2H_5OH}{\longrightarrow}}$(　　　　　)

2. $(CH_3)_2C{=\!=}CHCH_3 \overset{B_2H_6}{\longrightarrow} \overset{H_2O_2/OH^-}{\longrightarrow}$(　　　　　)

3. ＋ $\overset{加热}{\longrightarrow}$(　　　　　)

4. $H_3C\overset{}{\underset{H_3C}{\diagup}}$——$CH_2CH_3+HBr\longrightarrow$(　　　　　)

5. $\xrightarrow{\text{AlCl}_3}$ ( ) $\xrightarrow[\text{HCl}]{\text{Zn-Hg}}$ ( )

6. $\xrightarrow{\text{KCN}}$ ( )

7. CH_3 OH $\xrightarrow{\text{NaOH}}$ ( ) $\xrightarrow{\text{CH}_3\text{I}}$ ( )

8. $+CH_3CH_2CHO \xrightarrow[\text{加热}]{\text{稀碱}}$ ( )

9. $CH_3CH_2\overset{O}{\underset{}{C}}-OC_2H_5 \xrightarrow[\text{② H}^+]{\text{① C}_2\text{H}_5\text{ONa}}$ ( )

10. $\xrightarrow{\text{NaBrO}}$ ( ) $\xrightarrow[0\sim5\,℃]{\text{NaNO}_2,\text{HCl}}$ ( ) $\xrightarrow{\text{CuCN}}$ ( )

11. $\xrightarrow{\text{HBr}}$ ( ) $\xrightarrow[\text{无水乙醚}]{\text{Mg}}$ ( ) $\xrightarrow[\text{② H}_3\text{O}^+]{\text{① CO}_2}$ ( )

12. $CH_3CH_2CH_2COOH+Br_2 \xrightarrow[\text{催化剂}]{\text{红磷}}$ ( ) $\xrightarrow[\text{H}_2\text{O}]{\text{OH}^-}$ ( )

三、用简便且能产生明显现象的化学方法鉴别下列化合物（3 小题，共 10 分）

1. (3 分)甲基环丙烷、丁-2-烯、丁-1-炔

2. (4 分)异丙醇、苯甲醚、丙醛、丁酮

3. (3 分)甲酸、丙酸、丙二酸

四、合成题(完成题意要求)(每题 5 分，共 10 分)

1. 以苯为原料合成 4-溴-3-硝基苯甲酸(只能选用 1 个碳的有机试剂，无机试剂任选)。

2. 以丙酸为原料合成正丁酸(不能选用其他有机试剂，无机试剂任选)。

五、推断题(2 小题，共 10 分)

1. 化合物 A 的分子式为 $C_6H_{15}N$，能溶于稀盐酸，在室温下与亚硝酸作用放出氮气后得到 B(反应式 1)；B 能进行碘仿反应。B 和浓硫酸共热得到分子式为 C_6H_{12} 的化合物 C(反应式 2)；C 经臭氧氧化后再经锌粉还原水解得到乙醛和异丁醛(反应式 3)。试推测 A、B、C 的结构式并写出反应式 1～3。(6 分)

2. 某化合物 A 的分子式为 $C_5H_{12}O$，氧化脱氢后生成一种酮 B，B 可发生碘仿反应。A 脱水生成一种烯烃 C，C 经 $KMnO_4$ 氧化得到 D 和一羧酸。试写出 A～D 的构造式。(4 分)

综合练习题（Ⅲ）

一、单项选择题(每小题 2 分，共 50 分)

1. 在乙炔与 2 分子 Br_2 的加成反应中，碳原子轨道杂化情况的变化是( )。

A. $sp^2 \rightarrow sp^3$ 　　　　B. $sp \rightarrow sp^2$ 　　　C. $sp^2 \rightarrow sp$ 　　　D. $sp \rightarrow sp^3$

2. 在高温或光照条件下，丙烯与 Br_2 的反应历程是（　　）。

A. 亲电加成　　　　B. 自由基加成　　　C. 自由基取代　　　D. 亲核加成

3. 1-溴-2-氯乙烷的优势构象为（　　）。

A. 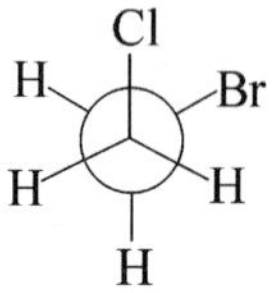　　　　　　　　　　　　　　　　　　　B.

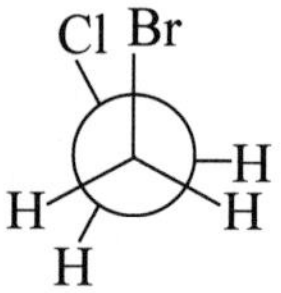

C. 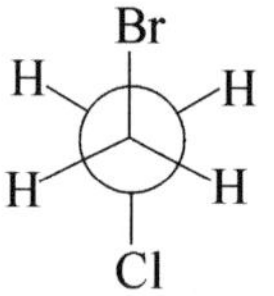　　　　　　　　　　　　　　　　　　　D.

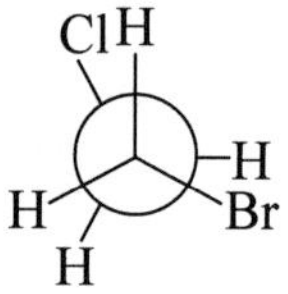

4. 下列碳正离子能量最低的是（　　）。

A. $CH_3 \overset{+}{\underset{CH_3}{-C}} -CH = CHCH_3$ 　　　　　　B. $CH_3CH_2\overset{+}{C}HCHCH_3$ 下 CH_3

C. $CH_3CH_2CH = \overset{+}{C}HCH_2$ 　　　　　　　D. 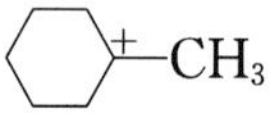 $\bigcirc \overset{+}{-}CH_3$

5. 下列化合物的系统命名法名称为（　　）。

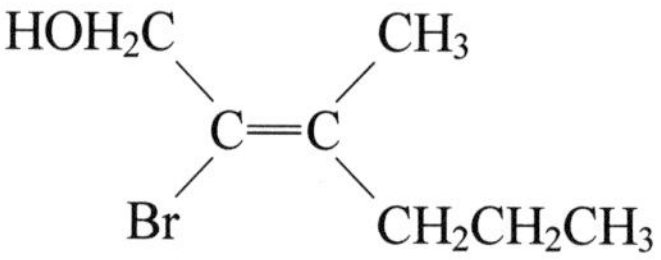

A. (Z)-3-甲基-2-溴己-2-烯-1-醇　　　　　　B. (Z)-2-溴-3-甲基己-2-烯-1-醇

C. (E)-3-甲基-2-溴己-2-烯-1-醇　　　　　　D. (E)-1-羟基-2-溴-3-甲基己-2-烯

6. 下列顺-1-叔丁基-3-甲基环己烷的椅式构象中最稳定的为（　　）。

A. 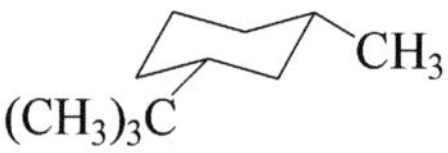　　　　　　　　　　　　　　　　　　　B.

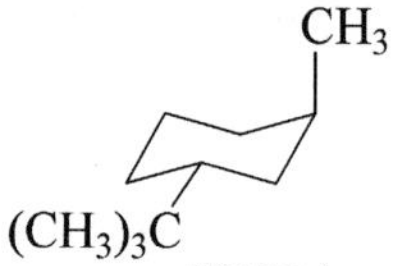

C. 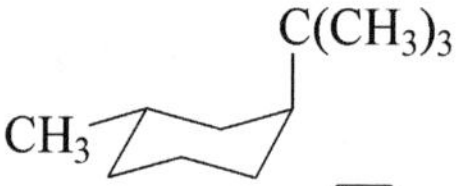　　　　　　　　　　　　　　　　　　　D.

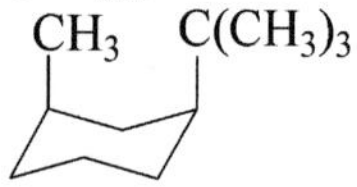

7. 化合物 H_2N—〈〉—$COOH$ 的系统命名法名称为（　　）。
　　　　　　　　　　OH

A. 4-氨基-2-羟基苯甲酸　　　　　　B. 2-羟基-4-氨基苯甲酸

C. 4-甲酰基-3-羟基苯胺　　　　　　D. 2-甲酰基-5-氨基苯酚

8. 下列化合物不具有芳香性的是（　　）。

A. 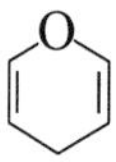　　　　　　　B. 　　　　　　　C. 　　　　　　　D.

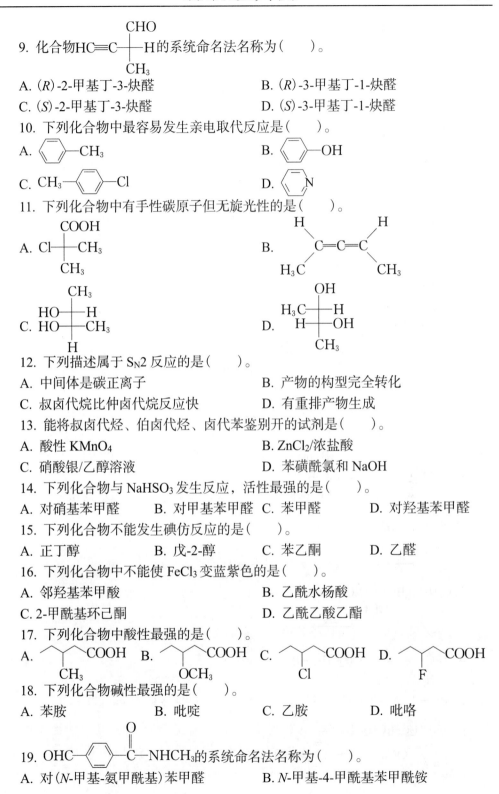

9. 化合物 HC≡C—CH（CH₃）—CHO 的系统命名法名称为（　　）。

A. (*R*)-2-甲基丁-3-炔醛   B. (*R*)-3-甲基丁-1-炔醛

C. (*S*)-2-甲基丁-3-炔醛   D. (*S*)-3-甲基丁-1-炔醛

10. 下列化合物中最容易发生亲电取代反应是（　　）。

A. ⬡—CH₃   B. ⬡—OH

C. CH₃—⬡—Cl   D. ⬡（吡啶）

11. 下列化合物中有手性碳原子但无旋光性的是（　　）。

A. Cl—C(COOH)(CH₃)—CH₃

B. H₃C,H—C=C=C—H,CH₃

C. HO—H / HO—CH₃（含CH₃, H）

D. H₃C—OH,H—H,OH—CH₃

12. 下列描述属于 S$_N$2 反应的是（　　）。

A. 中间体是碳正离子   B. 产物的构型完全转化

C. 叔卤代烷比仲卤代烷反应快   D. 有重排产物生成

13. 能将叔卤代烃、伯卤代烃、卤代苯鉴别开的试剂是（　　）。

A. 酸性 KMnO₄   B. ZnCl₂/浓盐酸

C. 硝酸银/乙醇溶液   D. 苯磺酰氯和 NaOH

14. 下列化合物与 NaHSO₃ 发生反应，活性最强的是（　　）。

A. 对硝基苯甲醛   B. 对甲基苯甲醛   C. 苯甲醛   D. 对羟基苯甲醛

15. 下列化合物不能发生碘仿反应的是（　　）。

A. 正丁醇   B. 戊-2-醇   C. 苯乙酮   D. 乙醛

16. 下列化合物中不能使 FeCl₃ 变蓝紫色的是（　　）。

A. 邻羟基苯甲酸   B. 乙酰水杨酸

C. 2-甲酰基环己酮   D. 乙酰乙酸乙酯

17. 下列化合物中酸性最强的是（　　）。

A. ～(CH₃)COOH   B. ～(OCH₃)COOH   C. ～(Cl)COOH   D. ～(F)COOH

18. 下列化合物碱性最强的是（　　）。

A. 苯胺   B. 吡啶   C. 乙胺   D. 吡咯

19. OHC—⬡—C(=O)—NHCH₃ 的系统命名法名称为（　　）。

A. 对(*N*-甲基-氨甲酰基)苯甲醛   B. *N*-甲基-4-甲酰基苯甲酰胺

C. 4-甲酰基-N-甲基苯甲酰胺　　　　　　　D. N-甲基-4-甲酰基苯甲酰胺

20. 下列化合物发生水解反应速率最快的是（　　　）。

A. ⟨⟩—CONH$_2$　　　　　　　　　　　B. ⟨⟩—COCl

C. ⟨⟩—COOC$_2$H$_5$　　　　　　　　　　D. ⟨⟩—COOC$_2$H$_5$（带CH$_3$）

21. 下列化合物与格氏试剂反应，能用于制备叔醇的是（　　　）。

A. 丙醛　　　　　　B. 环氧乙烷　　　　　C. 乙醛　　　　　D. 丙酮

22. 的系统命名法名称为（　　　）。

A. 2,4-二羟基-5-甲基嘧啶　　　　　　　　　B. 1,3-二羟基-4-甲基嘧啶

C. 5-甲基-2,4-二羟基嘧啶　　　　　　　　　D. 4-甲基-1,3-二羟基嘧啶

23. 能将苯胺、N-甲基苯胺、N,N-二甲基苯胺鉴别开的试剂是（　　　）。

A. 酸性 KMnO$_4$ 溶液　　　　　　　　　　B. 苯磺酰氯和 NaOH

C. ZnCl$_2$/浓盐酸　　　　　　　　　　　　D. 银氨溶液

24. 某种糖的结构式如下，其构型是（　　　）。

A. α-D　　　　　　B. α-L　　　　　　C. β-D　　　　　　D. β-L

25. 下列哪种糖能与托伦试剂反应（　　　）。

A. 维生素　　　　　B. 蔗糖　　　　　C. 果糖　　　　　D. 淀粉

二、完成下列反应式（每空 1 分，共 20 分）

1. ⟨⟩ $\xrightarrow[\text{CCl}_4]{\text{Br}_2}$ （　　　　）$\xrightarrow[\text{C}_2\text{H}_5\text{OH}]{\text{NaOH}}$ （　　　　　）

2. C$_2$H$_5$MgBr + CH$_3$CH$_2$C≡CH ⟶ （　　　　　）+（　　　　　）

3. ⟨⟩ + CHO $\xrightarrow{\text{加热}}$ （　　　　）

4. H$_3$C—△—CH$_2$CH$_3$ （带 H$_3$C）+ Br$_2$ ⟶ （　　　　）

5. Br—⟨⟩—COOH $\xrightarrow{\text{SOCl}_2}$ （　　　）$\xrightarrow[\text{AlCl}_3]{\text{C}_6\text{H}_6}$ （　　　　）

6. HOCH$_2$CH$_2$CH$_2$Cl $\xrightarrow{\text{NaCN}}$ （　　　　）

7. ⟨⟩—ONa + Br—⟨⟩—CH$_2$Br ⟶ （　　　　）

8. $\underset{\text{(甲苯)}}{\text{C}_6\text{H}_5\text{CH}_3}$ $\xrightarrow[\text{光}]{\text{Cl}_2}$ (　　　　) $\xrightarrow{\text{NaOH}}$ (　　　) $\xrightarrow[\text{H}_2\text{SO}_4]{\text{CH}_3\text{COOH}}$ (　　　　)

9. 邻位 CHO 和 CH$_2$CH$_2$CHO 苯 $\xrightarrow[\text{加热}]{\text{稀碱}}$ (　　　　)

10. $\text{CH}_3\text{C}(\text{O})-\text{C}_6\text{H}_4-\text{COOC}_2\text{H}_5$ $\xrightarrow{\text{LiAlH}_4}$ (　　　　)

11. $\text{C}_6\text{H}_5\text{CH=CH}_2$ $\xrightarrow[\text{过氧化物}]{\text{HBr}}$ (　　　) $\xrightarrow[\text{无水乙醚}]{\text{Mg}}$ (　　　) $\xrightarrow[\text{②H}_3\text{O}^+]{\text{①CO}_2}$ (　　　)

12. $\text{C}_6\text{H}_5-\text{CONH}_2$ $\xrightarrow{\text{Br}_2/\text{NaOH}}$ (　　　) $\xrightarrow{\text{C}_6\text{H}_5\text{SO}_2\text{Cl}}$ (　　　)

三、用简便且能产生明显现象的化学方法鉴别下列化合物(3 小题，共 10 分)

1. (4 分)苯乙炔、苯乙烯、苯甲醇、苯甲醚

2. (3 分)丙醛、丙酮、丙酸

3. (3 分)葡萄糖、果糖、蔗糖

四、合成题(完成题意要求)(每题 5 分，共 10 分)

1. 以乙醇为原料合成丁-2-醇(不能选用其他有机试剂，无机试剂任选)。

2. 以苯为原料合成 1,3,5-三溴苯(不能选用其他有机试剂，无机试剂任选)。

五、推断题(2 小题，共 10 分)

1. 化合物 A(C$_{10}$H$_{13}$Br)在室温下很容易和氢氧化钾的乙醇溶液作用得到 B(C$_{10}$H$_{12}$)，B 经臭氧氧化和还原水解得甲醛和 C(C$_9$H$_{10}$O)，在铂催化下 C 被还原成 D(C$_9$H$_{12}$O)，D 具有旋光性，与硫酸共热得 E(C$_9$H$_{10}$)，用高锰酸钾处理 E 得对苯二甲酸，E 经臭氧氧化和还原水解得甲醛和对甲基苯甲醛。推测 A~E 的构造式。(6 分)

2. 有两个手性碳原子的化合物 A(C$_4$H$_{11}$NO)在室温下与亚硝酸反应生成化合物 B(C$_4$H$_{10}$O$_2$)，并放出氮气。B 与浓硫酸共热生成化合物 C(C$_4$H$_6$)，C 经臭氧氧化和还原水解得甲醛和乙二醛。试推断 A、B、C 的构造式。(4 分)

综合练习题参考答案

综合练习题（Ⅰ）

一、1. C 2. B 3. B 4. D 5. A 6. B 7. B 8. D 9. A 10. D 11. B 12. B 13. C 14. B 15. A 16. C 17. A 18. B 19. B 20. A 21. B 22. D 23. D 24. B 25. B

二、

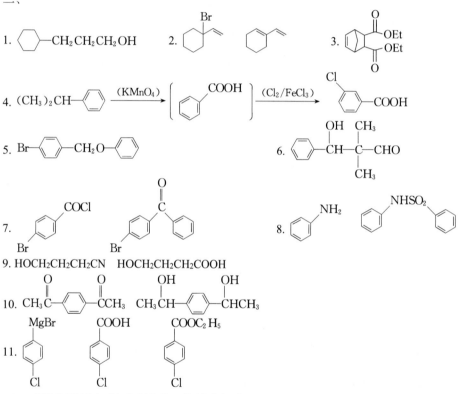

三、1. 用银氨溶液（1分）鉴别出苯乙炔（白色沉淀），用 Br$_2$/CCl$_4$ 溶液（1分）鉴别出苯乙烯（褪色），余下为乙苯（现象1分）。

2. 用银氨溶液（1分）鉴别出丁醛（银镜反应）；用 I$_2$/NaOH（1分）鉴别出丁酮（碘仿反应）；用酸性高锰酸钾（1分）鉴别出丁醇（褪色），余下为丁酸（现象1分）。

3. 用 FeCl$_3$ 溶液（1分）鉴别出苯酚（显色），用苯磺酰氯和 NaOH 溶液（1分）鉴别出苯胺（白色沉淀溶解）和 N-甲基苯胺（白色沉淀不溶解）（现象1分）。

四、1.

$$CH_3CH=CH_2 \xrightarrow[\text{H}_2\text{SO}_4]{+H_2O} CH_3\overset{OH}{\underset{|}{CH}}CH_3 \xrightarrow{PBr_3} CH_3\overset{Br}{\underset{|}{CH}}CH_3 \xrightarrow[\text{Et}_2\text{O}]{Mg} CH_3\overset{MgBr}{\underset{|}{CH}}CH_3 \xrightarrow{HCHO} \xrightarrow[\text{H}_2\text{O}]{\text{H}^+} CH_3\overset{CH_3}{\underset{|}{CH}}CH_2OH$$

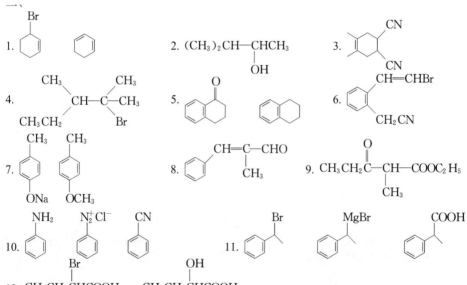

五、1. A. <图：邻硝基甲苯 NO₂/CH₃>　B. <图：邻氨基甲苯 NH₂/CH₃>　C. <图：重氮盐 N₂⁺Cl⁻/CH₃>

D. <图：邻氰基甲苯 CN/CH₃>　E. <图：COOH/CH₃>　F. <图：邻苯二甲酸 COOH/COOH>

2. A、B、C 和 D 的结构分别为

A. $CH_3CHCOCl$ (Cl)　B. $CH_3CHCOOH$ (Cl)　C. $CH_3CHCOOC_2H_5$ (Cl)　D. $CH_3CHCOOH$ (OH)

综合练习题（Ⅱ）

一、1. B　2. D　3. C　4. A　5. B　6. B　7. A　8. A　9. D　10. C　11. C　12. B　13. D　14. B
15. A　16. B　17. B　18. D　19. D　20. A　21. D　22. A　23. B　24. D　25. B

二、

1. <图：溴代环己烯> <图：环己烯>

2. $(CH_3)_2CH—CHCH_3$（OH）

3. <图：环己烯二腈 CN/CN>

4. <图：CH₃/CH₃/CH—C—CH₃/CH₃CH₂/Br>

5. <图：四氢萘酮 O> <图：四氢萘>

6. <图：CH=CHBr/CH₂CN>

7. <图：CH₃/ONa> <图：CH₃/OCH₃>

8. <图：CH=C—CHO/CH₃>

9. CH_3CH_2C(O)$—CH—COOC_2H_5$（CH₃）

10. <图：NH₂> <图：N₂⁺Cl⁻> <图：CN>

11. <图：Br 甲基苄基> <图：MgBr> <图：COOH>

12. $CH_3CH_2CHCOOH$（Br）　$CH_3CH_2CHCOOH$（OH）

三、1. 用银氨溶液(1 分)鉴别出丁-1-炔(白色沉淀)，用酸性高锰酸钾溶液(1 分)鉴别出丁-2-烯
(褪色)，余下为甲基环丙烷(现象 1 分)。

2. 用银氨溶液(1 分)鉴别出内醛(银镜反应)，用酸性高锰酸钾(1 分)鉴别出异丙醇(褪色)，用
I₂/NaOH(1 分)鉴别出丁酮(碘仿反应)，余下为苯甲醚(现象 1 分)。

3. 用酸性高锰酸钾或银氨溶液(1 分)鉴别甲酸(褪色或银镜)，加热并将产生的气体通入澄清石
灰水(1 分)鉴别出丙二酸(白色沉淀)和丙酸(无现象)(现象 1 分)。

四、1. <图：苯 →CH₃Cl/AlCl₃→ 甲苯 CH₃ →Br₂/Fe→ Br—对甲苯 CH₃ →KMnO₄/H⁺,加热→ Br—苯甲酸 COOH →浓HNO₃/浓H₂SO₄→ T. M.>

2. $CH_3CH_2COOH \xrightarrow{LiAlH_4} CH_3CH_2CH_2OH \xrightarrow{SOCl_2} \xrightarrow{CN^-} CH_3CH_2CH_2CN \xrightarrow{H_3O^+} $ T. M.

五、1. A. $CH_3CHCH_2CH(CH_3)_2$　B. $CH_3CHCH_2CH(CH_3)_2$　C. $CH_3CH=CHCH(CH_3)_2$
　　　　　　|　　　　　　　　　　　　　|
　　　　　　NH_2　　　　　　　　　　　OH

反应式 1　$CH_3CHCH_2CH(CH_3)_2 \xrightarrow[\text{室温}]{NaNO_2/HCl} CH_3CHCH_2CH(CH_3)_2$
　　　　　　　|　　　　　　　　　　　　　　　　　　　　　|
　　　　　　　NH_2　　　　　　　　　　　　　　　　　OH
　　　　　　　　(A)　　　　　　　　　　　　　　　　(B)

反应式 2　$CH_3CHCH_2CH(CH_3)_2 \xrightarrow{\text{浓}H_2SO_4} CH_3CH=CHCH(CH_3)_2$
　　　　　　　|　　　　　　　　　　　　　　　　　　　　(C)
　　　　　　　OH

反应式 3　$CH_3CH=CHCH(CH_3)_2 \xrightarrow[\text{② } Zn/H_2O]{\text{① } O_3} CH_3CHO + (CH_3)_2CHCHO$

2.

$(CH_3)_2CHCHCH_3 \xrightarrow{[O]} (CH_3)_2CHCCH_3$
　　　　　　|　　　　　　　　　　　　　　‖
　　　　　　OH　　　　　　　　　　　　O
　　　　(A)　　　　　　　　　　　　(B)

$\xrightarrow{-H_2O}$

$(CH_3)_2C=CHCH_3 \xrightarrow{KMnO_4} (CH_3)_2C=O + CH_3COOH$
　　　(C)　　　　　　　　　　　　(D)

综合练习题(Ⅲ)

一、1. D　2. C　3. C　4. A　5. B　6. A　7. B　8. A　9. A　10. B　11. D　12. B　13. C　14. A
15. A　16. B　17. D　18. C　19. C　20. B　21. D　22. A　23. B　24. C　25. C

二、

1.

2. $CH_3CH_2C≡CMgBr$　　C_2H_6(气体)

3.

4.

5.

6. $HOCH_2CH_2CH_2CN$

7.

8.

9.

10.

11.

12.

三、1. 用银氨溶液(1 分)鉴别出苯乙炔(白色沉淀),用酸性高锰酸钾溶液(1 分)鉴别出苯甲醚(不褪色),用 Br_2/CCl_4(1 分)鉴别出苯乙烯(褪色)(现象 1 分)。

2. 用银氨溶液(1 分)鉴别出丙醛(银镜);用 I_2/NaOH(1 分)鉴别出丙酮(黄色沉淀);余下为丙酸(现象 1 分)。

3. 用银氨溶液(1 分)鉴别出蔗糖(无银镜),用溴水(1 分)鉴别出葡萄糖(褪色),余下为果糖(现象 1 分)。

四、

1. $CH_3CH_2OH \xrightarrow{PCl_3} CH_3CH_3Cl \xrightarrow[\text{无水乙醚}]{Mg} CH_3CH_2MgCl$

$CH_3CH_2OH \xrightarrow[\text{加热}]{CuO} CH_3CHO$

$\xrightarrow[\text{② } H_3O^+]{\text{① 无水乙醚}} CH_3\overset{OH}{\underset{}{CH}}CH_2CH_3$

2.

$\xrightarrow[\text{或}CH_3CH_2OH]{H_3PO_2}$

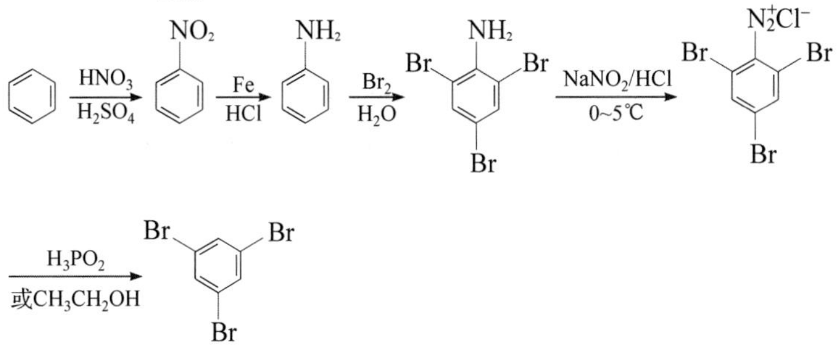

五、1.

A. 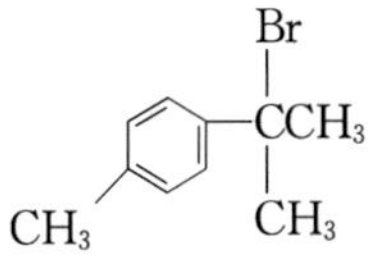 B. 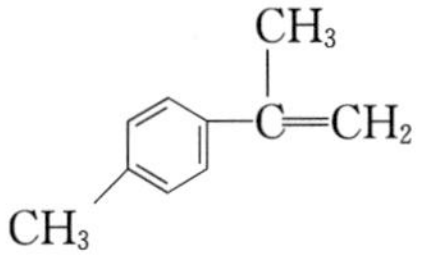 C.

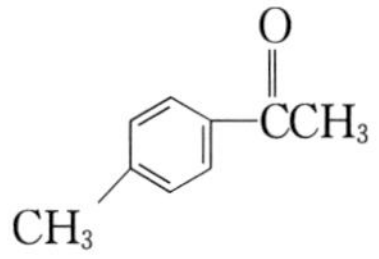

D. 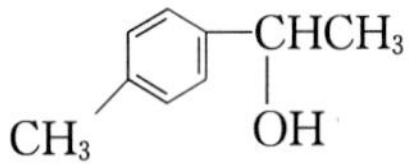 E.

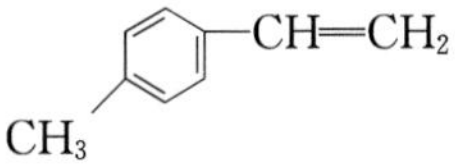

2. A. $CH_3\overset{NH_2}{\underset{}{CH}}-\overset{OH}{\underset{}{CH}}CH_3$ B. $CH_3\overset{OH}{\underset{}{CH}}-\overset{OH}{\underset{}{CH}}CHCH_3$ C. $CH_2{=}CHCH{=}CH_2$

《有机化学(第五版)》问题参考答案

第 1 章 绪 论

问题 1-1　(1)炔基上的碳为 sp 杂化,形成 2 个 σ 键和 2 个 π 键;烯基上的碳为 sp^2 杂化,形成 3 个 σ 键和 1 个 π 键;甲基上的碳为 sp^3 杂化,形成 4 个 σ 键。
(2)苯环上的碳均为 sp^2 杂化,形成 3 个 σ 键和 1 个 π 键,醛基上的碳为 sp^2 杂化,形成 3 个 σ 键和 1 个 π 键,甲基上的碳为 sp^3 杂化,形成 4 个 σ 键。

问题 1-2　SiH_4、BH_3、CO_2 的杂化类型分别是 sp^3、sp^2、sp,它们的分子结构分别是正四面体、平面正三角形、直线形。

问题 1-3　CH_3COOH 是酸;CH_3OCH_3 是碱;C_2H_5OH、C_6H_5OH、$C_6H_5NH_2$、$H_2NCH_2CH_2COOH$ 既是酸又是碱。

问题 1-4　H^+、Br^+、NO_2^+、R^+ 是酸;OH^-、I^-、NH_2^-、CN^-、$C_2H_5OC_2H_5$ 是碱;RNH_2、NH_3 既是酸又是碱。

第 2 章 烷 烃

问题 2-1　己烷的所有同分异构体:①己烷;②2-甲基戊烷;③3-甲基戊烷;④2,2-二甲基丁烷;⑤2,3-二甲基丁烷

问题 2-2　(1)4-乙基-7-甲基癸烷　　(2)5-异丙基-2-甲基壬烷

问题 2-3　化合物 FCH_2CH_2F 有 4 种典型构象,最稳定构象为全交叉式。

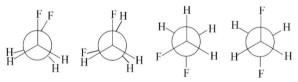

全重叠式　　部分重叠式　　部分交叉式　　全交叉式

问题 2-4　丙烷与氯气在光作用下的反应机理如下:

$$Cl:Cl \xrightarrow{h\nu} 2Cl\cdot$$

$$Cl\cdot + CH_3CH_2CH_3 \longrightarrow HCl + CH_3CH_2CH_2\cdot + CH_3\dot{C}HCH_3$$

$$CH_3CH_2CH_2\cdot + CH_3\dot{C}HCH_3 + Cl:Cl \longrightarrow Cl\cdot + CH_3CH_2CH_2Cl + \underset{\underset{\displaystyle Cl}{|}}{CH_3CHCH_3}$$

问题 2-5　正丁烷与氯气在光作用下的反应产物如下:

$$CH_3CH_2CH_2CH_3 + Cl_2 \xrightarrow{\text{光},25℃} CH_3CH_2CH_2CH_2Cl + \underset{\underset{\displaystyle Cl}{|}}{CH_3CHCH_2CH_3}$$

第3章 烯烃和红外光谱

问题3-1 (1)2,4,4-三甲基戊-1-烯；(2)反-1-溴丙烯；(3)(Z)-2-溴-3-氯戊-2-烯；
(4)(2Z, 5E)-庚-2,5-二烯

问题3-2 (1)无。

(2)

$$\underset{H}{\overset{C_2H_5}{}}\!\!C\!=\!C\!\!\underset{CH_3}{\overset{CH_2CH_2CH_3}{}} \qquad \underset{C_2H_5}{\overset{H}{}}\!\!C\!=\!C\!\!\underset{CH_3}{\overset{CH_2CH_2CH_3}{}}$$

(Z)-4-甲基庚-3-烯   (E)-4-甲基庚-3-烯

问题3-3 (1)$(CH_3)_2CHCHCH_3$
           |
           Br

(2)$(CH_3)_2CCH\!=\!CH_2$ $(CH_3)_2C\ CHCH_3$
          | |
          Cl   ClOHBr

(3)$(CH_3)_2CHC\!=\!CHCH_3$
               |
               CH_3

问题3-4 $\underset{H_3C}{\overset{H_3C}{}}\!\!C\!=\!CH_2 > CH_3CH\!=\!CH_2 > CH_2\!=\!CH_2$

问题3-5 (1)自由基取代反应   (2)亲电加成反应

问题3-6 (1)燃烧法，看火焰浓度。
(2)常利用高锰酸钾的紫红色或重铬酸钾的橙黄色褪色来鉴别烯烃。
(3)常利用溴的四氯化碳溶液来鉴别烯烃，烯烃与Br_2发生加成反应而使其褪色。
(4)用浓硫酸洗涤后是否分层来鉴别。烯烃与浓硫酸作用生成酸性硫酸酯而溶于硫酸中；烷烃不与H_2SO_4作用，故可以分层。

第4章 炔烃、共轭二烯烃和紫外光谱

问题4-1 (1)丁-1-炔；(2)己-4-烯-1-炔

问题4-2 能与银氨溶液生成白色沉淀的物质为乙炔，能使酸性高锰酸钾溶液褪色的为乙烯。

问题4-3 (1)$H_3C\!-\!C\!\equiv\!CH \xrightarrow{2HCl} CH_3CCl_2CH_3$

(2)$H_3C\!-\!C\!\equiv\!CH \xrightarrow[\text{液氨}]{NaNH_2} H_3C\!-\!C\!\equiv\!CNa \xrightarrow{n\text{-}C_3H_7I} H_3C\!-\!C\!\equiv\!CCH_2CH_2CH_3$

(3)$H_3C\!-\!C\!\equiv\!C\ CH_3 \xrightarrow{Br_2}$ $\underset{Br}{\overset{H_3C}{}}\!C\!-\!C\!\underset{CH_3}{\overset{Br}{}}$

问题4-4 (1)$\underset{H_3C}{\overset{H}{}}\!\!C\!=\!C\!\!\underset{CH_3}{\overset{H}{}} \xrightarrow{Br_2/CCl_4} H_3C\!-\!\underset{Br}{\overset{}{C}}H\!-\!\underset{Br}{\overset{}{C}}H\!-\!CH_3 \xrightarrow[NaNH_2]{\triangle} H_3C\!-\!C\!\equiv\!C\!-\!CH_3$

$\xrightarrow{Na/液氨} \underset{H_3C}{\overset{H}{}}\!\!C\!=\!C\!\!\underset{H}{\overset{CH_3}{}}$

(2) $CH_2ClCH_2CH_3 \xrightarrow[\text{醇}]{\text{NaOH}} CH_2=CHCH_3 \xrightarrow[CCl_4]{Br_2} CH_2-CH-CH_3 \xrightarrow[\text{②NaNH}_2]{\text{①KOH/醇}} HC\equiv C-CH_3$

下标 $CH_2-CH-CH_3$ 处为 $\overset{|}{Br}\ \overset{|}{Br}$

$CH_3-C\equiv CH \xrightarrow[\text{液氨}]{NaNH_2} CH_3-C\equiv CNa \xrightarrow{CH_3I} CH_3-C\equiv CCH_3$

(3) $CH_3CH_2Cl \xrightarrow[\text{醇}]{\text{NaOH}} CH_2=CH_2 \xrightarrow[CCl_4]{Br_2} CH_2-CH_2 \xrightarrow{NaNH_2} HC\equiv CH$

下标 CH_2-CH_2 处为 $\overset{|}{Br}\ \overset{|}{Br}$

$HC\equiv CH \xrightarrow[\text{液氨}]{NaNH_2} NaC\equiv CNa \xrightarrow{CH_3CH_2Cl} CH_3CH_2-C\equiv CCH_2CH_3$

问题 4-5　$CH_2=CH-CH=CH-CH_3$　　$CH_2=\overset{\overset{\displaystyle CH_3}{|}}{C}-CH=CH_2$　　$CH_2=CH-CH_2-CH=CH_2$

问题 4-6

$H_2C=CHCH_2CH_3 \xrightarrow[CCl_4]{Br_2} CH_2-CH-CH_2CH_3 \xrightarrow{NaNH_2} HC\equiv C-CH_2-CH_3$

下标 $CH_2-CH-CH_2CH_3$ 处为 $\overset{|}{Br}\ \overset{|}{Br}$

$CH_3CH=CHCH_3 \xrightarrow[CCl_4]{Br_2} H_3C-CH-CH-CH_3 \xrightarrow{NaNH_2} H_3C-C\equiv C-CH_3$

下标 $H_3C-CH-CH-CH_3$ 处为 $\overset{|}{Br}\ \overset{|}{Br}$

问题 4-7

$CH_2=\overset{\overset{\displaystyle CH_3}{|}}{C}-CH=CH_2 \xrightarrow{HBr} CH_3-\overset{\overset{\displaystyle Br}{|}}{\underset{\underset{\displaystyle CH_3}{|}}{C}}-CH=CH_2 + CH_3-\overset{\overset{\displaystyle }{}}{\underset{\underset{\displaystyle CH_3}{|}}{C}}=CH-CH_2Br$

问题 4-8　由于 5-位碳原子的给电子诱导效应及σ-π超共轭效应，1-位碳原子和 3-位碳原子带部分负电荷，2-位碳原子和 4-位碳原子带部分正电荷。

问题 4-9　略

第 5 章　脂　环　烃

问题 5-1　(1) 7-溴二环[2.2.1]庚-2-烯　　　　(2) 5,6-二甲基二环[2.2.1]庚-2-烯
　　　　　(3) 8-溴-2,3-二甲螺[4.5]癸烷

问题 5-2　(1) $CH_3-\overset{\overset{\displaystyle Br}{|}}{C}\overset{\overset{\displaystyle CH_3}{|}}{-CH}-CH_2CH_3$
　　　　　　　　　$\underset{\underset{\displaystyle CH_3}{|}}{}$

(2)

(3)

问题 5-3　B

第 6 章　芳　香　烃

问题 6-1　(1) 乙苯　(2) 2-苯基丁-2-烯　(3) 2-氨基-5-羟基苯甲醛　(4) 3-氨基-5-溴苯酚
　　　　　(5) 2-氯-3-硝基苯磺酸

问题 6-2　(1)、(2)、(6)不能发生傅-克烷基化反应，芳环上已有吸电子基，则不能发生傅-克烷基化和傅-克酰基化反应。

问题 6-3　(1)

$$ \text{苯} \xrightarrow[\text{AlCl}_3]{\text{CH}_3\text{CCl, O}} \text{苯乙酮} \xrightarrow[\text{浓 H}_2\text{SO}_4]{\text{浓 HNO}_3} \text{间硝基苯乙酮} $$

(2)

$$ \text{苯} \xrightarrow[\text{AlCl}_3]{\text{CH}_3\text{Cl}} \text{甲苯} \xrightarrow[\text{AlCl}_3]{\text{CH}_3\text{CCl, O}} \text{对甲基苯乙酮} $$

问题 6-4　(1)

$$ \text{苯} \xrightarrow[\text{AlCl}_3]{\text{CH}_3\text{Cl}} \text{甲苯} \xrightarrow[\text{浓 H}_2\text{SO}_4]{\text{浓 HNO}_3} \text{邻硝基甲苯} + \text{对硝基甲苯} $$

$$ \xrightarrow{\text{分离}} \text{邻硝基甲苯} \xrightarrow[\text{H}^+]{\text{KMnO}_4} \text{邻硝基苯甲酸} $$

(2)

$$ \text{苯} \xrightarrow[\text{AlCl}_3]{\text{CH}_3\text{Cl}} \text{甲苯} \xrightarrow[\text{H}^+]{\text{KMnO}_4} \text{苯甲酸} \xrightarrow[\text{浓 H}_2\text{SO}_4]{\text{浓 HNO}_3} \text{间硝基苯甲酸} $$

问题 6-5　(1) CCl_3　(2) Cl　(3) CH_2CH_3　(4) NHCOCH$_3$／CH$_3$　(5) CN

问题 6-6　(1)

$$ \text{溴苯} \xrightarrow{\text{Br}_2/\text{Fe}} \text{邻二溴苯} + \text{对二溴苯} $$

(2)

$$ \text{乙苯} \xrightarrow[h\nu]{\text{Br}_2} \text{(1-溴乙基)苯} $$

(3)

$$ \text{叔丁基苯} \xrightarrow{\text{浓 H}_2\text{SO}_4} \text{对叔丁基苯磺酸} $$

(4)

$$ \text{PhCH}_2\text{CH}_2\text{CH}_2\text{CH}_2\text{Cl} \xrightarrow{\text{AlCl}_3} \text{四氢化萘} + \text{氯甲基茚满} $$

问题 6-7　(1)

$$ \text{甲苯} \xrightarrow{\text{Br}_2/\text{Fe}} \text{邻溴甲苯} + \text{对溴甲苯} \xrightarrow{\text{分离}} \text{对溴甲苯} \xrightarrow[\text{Cl}_2]{h\nu} \text{对溴苄氯} $$

(2)

$$ \text{甲苯} \xrightarrow{\text{Cl}_2/\text{Fe}} \text{邻氯甲苯} + \text{对氯甲苯} \xrightarrow{\text{分离}} \text{对氯甲苯} \xrightarrow[\text{H}^+]{\text{KMnO}_4} \text{对氯苯甲酸} \xrightarrow[\text{浓 H}_2\text{SO}_4]{\text{浓 HNO}_3} \text{4-氯-3-硝基苯甲酸} $$

问题 6-8　(3)、(4)、(7)不具有芳香性。

问题 6-9　(1) 5-硝基萘-2-磺酸　(2) 4-氯萘-1-酚　(3) 6-羟基萘-2-甲酸

问题 6-10

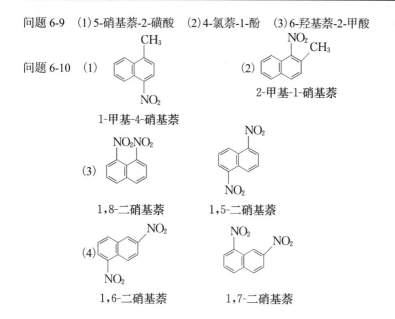

(1)

1-甲基-4-硝基萘

(2)

2-甲基-1-硝基萘

(3)

1,8-二硝基萘　　　　1,5-二硝基萘

(4)

1,6-二硝基萘　　　　1,7-二硝基萘

第 7 章　对　映　异　构

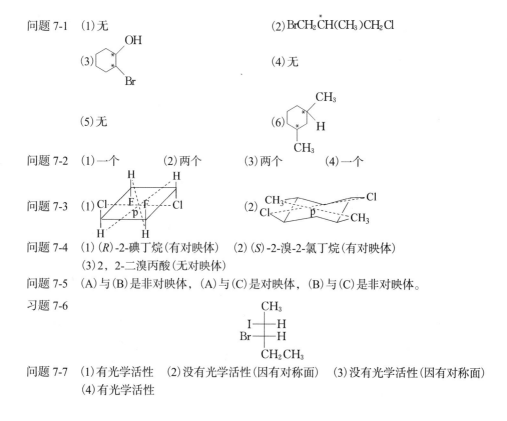

问题 7-1　(1) 无　　　　　　　　　　　(2) BrCH₂CH(CH₃)CH₂Cl

(3)

(4) 无

(5) 无

(6)

问题 7-2　(1) 一个　　　(2) 两个　　　(3) 两个　　　(4) 一个

问题 7-3　(1)

(2)

问题 7-4　(1) (R)-2-碘丁烷(有对映体)　(2) (S)-2-溴-2-氯丁烷(有对映体)

(3) 2, 2-二溴丙酸(无对映体)

问题 7-5　(A) 与 (B) 是非对映体，(A) 与 (C) 是对映体，(B) 与 (C) 是非对映体。

习题 7-6

问题 7-7　(1) 有光学活性　(2) 没有光学活性(因有对称面)　(3) 没有光学活性(因有对称面)

(4) 有光学活性

第8章 卤 代 烃

问题 8-1　(1)1,3-二溴-5-甲基苯　(2)2-溴-3-甲基丁烷　(3)4-氯环戊-1-烯　(4)4-溴-3-甲基丁-1-烯

问题 8-2　(1)加入 AgNO₃ 的醇溶液,1-碘丁烷立即出现黄色沉淀,1-溴丁烷加热出现沉淀,1-溴丁-1-烯加热不出现沉淀。

(2)加入 AgNO₃ 的醇溶液,C₆H₅—CH₂—Cl 立即出现白色沉淀,C₆H₅—CH₂—CH₂—Cl 加热出现沉淀,C₆H₅—Cl 加热也不出现沉淀。

问题 8-3　(1) 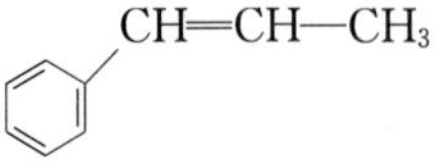 　　(2) CH₃C=CHCH₂OH
　　　　　　　　　　　　　　　　　　　　　　　　　　｜
　　　　　　　　　　　　　　　　　　　　　　　　　　Cl

问题 8-4　均不能,因格氏试剂可与活泼 H(包括炔烃三键的 H、氨基的 H、羟基的 H 等)迅速发生反应使结构破坏。

问题 8-5

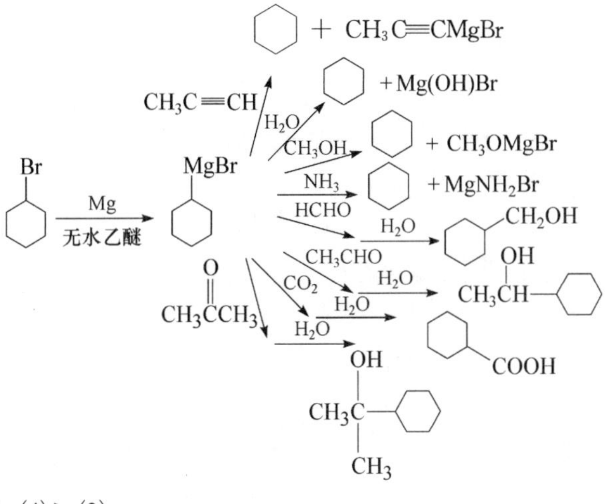

问题 8-6　(2)＞(1)＞(4)＞(3)

问题 8-7　(3)＞(4)＞(2)＞(1)

问题 8-8　(1) 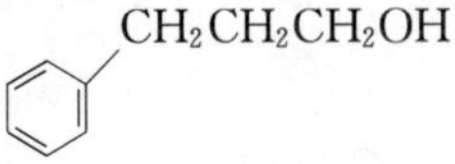 　　　　(2)

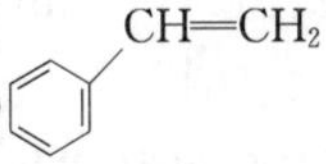

问题 8-9　方法一

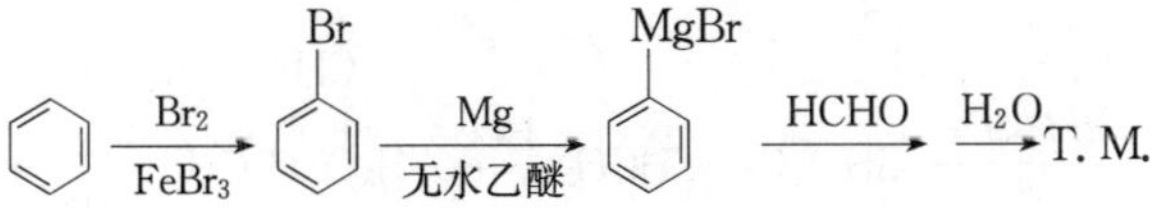

方法二

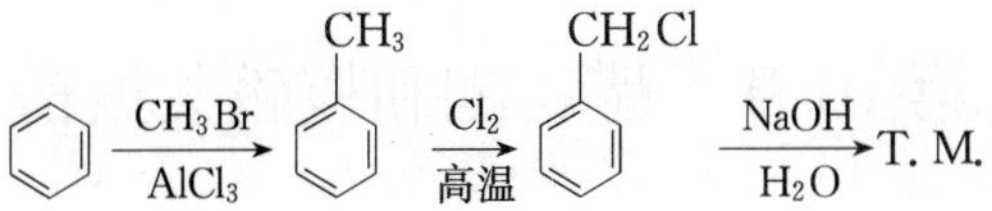

问题 8-10 (1)

（左）结构：苯环带 CH_2CN，邻位 Br；（右）结构：苯环带 CH_2COOH，邻位 Br

(2) $HOCH_2CH_2CH_2CH_2I + KCl\downarrow$

第 9 章　醇、酚、醚

问题 9-1　沸点：正丁醇＞仲丁醇＞正戊烷。醇分子间能形成氢键，且正丁醇分子排列更紧密，分子间作用力大，沸点最高。

问题 9-2　(1) $(CH_3)_2C{=}CHCH_2CH_3$　　　(2) $CH_3\overset{\underset{\displaystyle Cl}{|}}{CH}CH(CH_3)_2$

(3) （苯基）$CH_2O\overset{\displaystyle O}{\overset{\|}{C}}CH_3$

(4) $CH_3CH_2\overset{\displaystyle O}{\underset{\|}{C}}CH_3$

问题 9-3　(1)、(2)、(4)、(5)能形成分子内氢键。

问题 9-4

(1) $CH_2{=}CHCH_2OH$ ⎫
　　$CH_3CH_2CH_2OH$ ⎬ $\xrightarrow[\triangle]{AgNO_3/EtOH}$ 无现象 / 无现象 / 白色沉淀
　　$CH_3CH_2CH_2Cl$ ⎭

无现象、无现象 $\xrightarrow{卢卡斯试剂}$ 室温下立即浑浊 / 室温下无反应

(2)

（苯）—Cl ⎫　无现象
（苯）—CH_2OH ⎬ $\xrightarrow{FeCl_3}$ 无现象
Cl—（苯）—OH ⎭　蓝紫色

无现象、$\xrightarrow[H^+]{KMnO_4}$ 无现象 / 褪色

问题 9-5　(1)A　(2)A　(3)A

问题 9-6　(1)戊-3-烯-1-醇　　　(2)己-2,4-二醇　　　(3)戊-4-炔-1-醇

(4)(E)-己-4-烯-2-醇　　　(5)1-乙基-2-甲基环己醇

(6)4-溴苯-1,2-二酚　　　(7)3-甲氧基戊-2-醇　　　(8)乙基异丙基醚

(9)3-甲基环己-2-烯醇　　　(10)1-甲氧基-4-甲基戊-2-醇

问题 9-7　(1)（苯）—$OH + C_2H_5I$

(2)$CH_3CH_2CH_2CH_2CH_2CH_2OMgBr$，$CH_3CH_2CH_2CH_2CH_2CH_2OH$

问题 9-8

$CH_3\overset{\underset{\displaystyle CH_3}{|}}{C\!H}\overset{\underset{\displaystyle OH}{|}}{C\!H}CH_3 \xrightarrow[\triangle]{浓\,H_2SO_4} (CH_3)_2C{=}CHCH_3 \xrightarrow{HCl} CH_3\overset{\underset{\displaystyle Cl}{|}}{\overset{\overset{\displaystyle CH_3}{|}}{C}}CH_2CH_3 \xrightarrow[H_2O]{\triangle} CH_3\overset{\underset{\displaystyle OH}{|}}{\overset{\overset{\displaystyle CH_3}{|}}{C}}CH_2CH_3$

第 10 章　醛、酮和核磁共振谱

问题 10-1　(1)4-甲氧基丁醛　(2)丁-3-烯-2-酮　(3)1-环己基乙-1-酮　(4)2-甲酰基苯磺酸

问题 10-2　正丁醇可以形成分子间氢键，正丁醛和乙醚不能形成分子间氢键，但是正丁醛中含有极

性的羰基，分子极性较大，沸点较高。

问题10-3　(1)

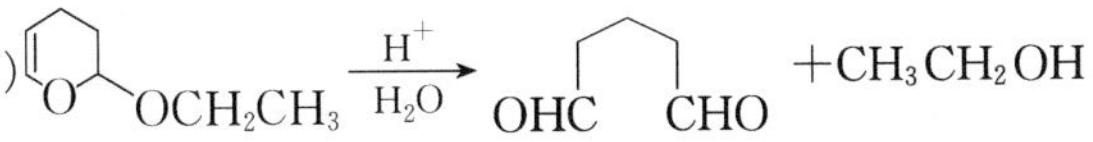

(2)

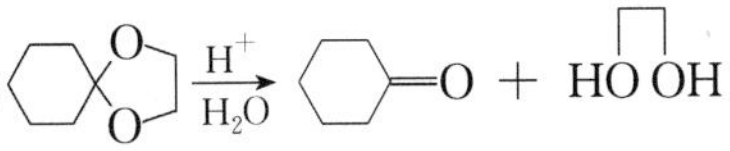

问题 10-4　仔细观察发现目标产物是比原料多了一个碳的伯醇，伯醇的制备可以采用格氏试剂与甲醛反应来实现，但是原料分子中本身含有一个活泼的羰基，为了避免原料中羰基的干扰，需要进行羰基保护。合成路线如下：

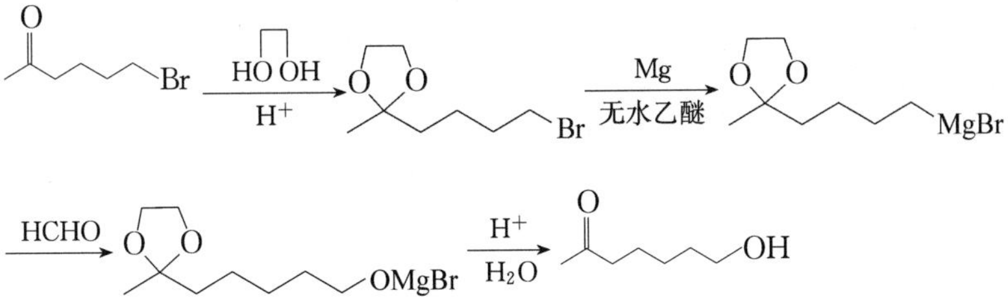

问题10-5

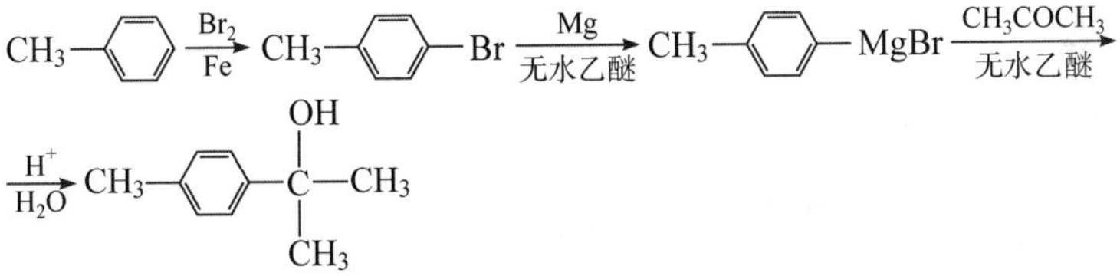

问题 10-6　酸催化反应有一个诱导期，反应会生成酸，自身催化反应不断进行；对于不对称的酮，卤化反应优先在形成稳定烯醇结构的一边进行：COCHR₂＞COCH₂R＞COCH₃；通过控制卤素的用量，可将卤化反应控制在一元、二元、三元阶段。碱催化时，反应速率越来越快，不能控制在一元卤化阶段；对于不对称的酮，卤化反应优先夺取位阻小的 H：COCH₃＞COCH₂R＞COCHR₂。

问题10-7　能发生碘仿反应的是(1)、(2)、(4)、(6)、(7)。

问题10-8　(1)

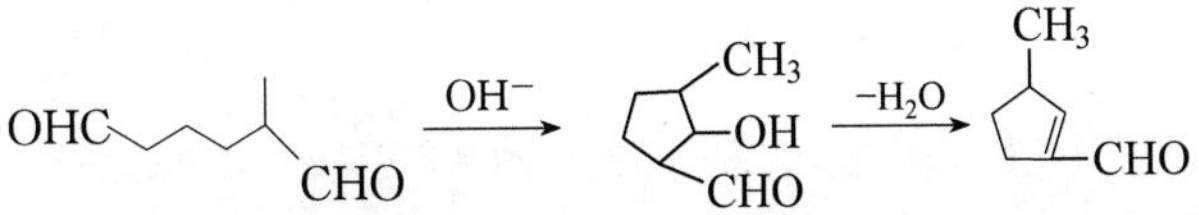

(2)

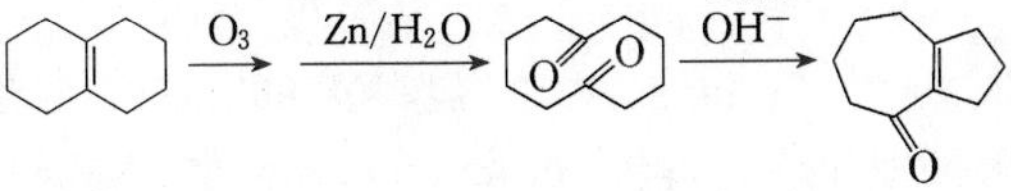

(3)

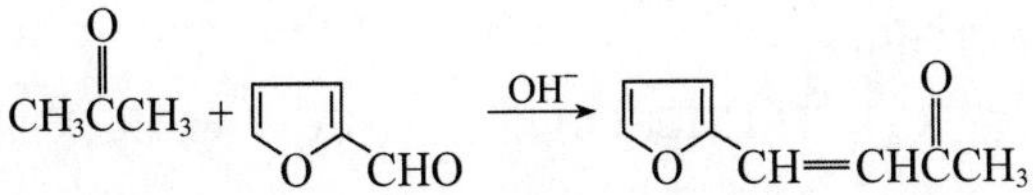

问题10-9　用托伦试剂鉴别出苯甲醛(银镜)；用I₂/NaOH鉴别出苯乙酮(黄色沉淀)；用酸性 KMnO₄鉴别出苯甲醇(褪色)，剩下的是苯乙醚。

问题10-10　(1)、(2)能发生歧化反应，(3)、(4)能发生羟醛缩合。

问题10-11　(1)NaBH₄或 LiAlH₄

(2)NH₂NH₂，KOH/(HOCH₂CH₂)₂O

(3)Zn-Hg/HCl

问题 10-12　(1)

(2)

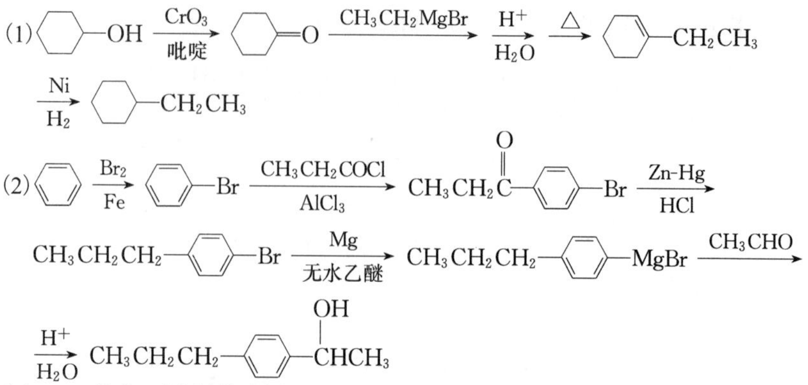

问题 10-13　(1) CrO₃/吡啶；(2) 托伦试剂；(3) NaBH₄

问题 10-14

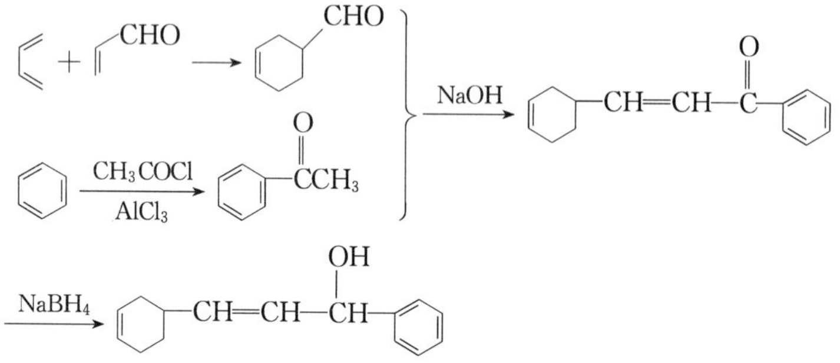

第 11 章　羧酸、羧酸衍生物和质谱

问题 11-1　(1) 4-甲亚基己酸　(2) 2-萘乙酸　(3) 反-丁烯二酸　(4) 4-羟基戊-2-烯酸

问题 11-2

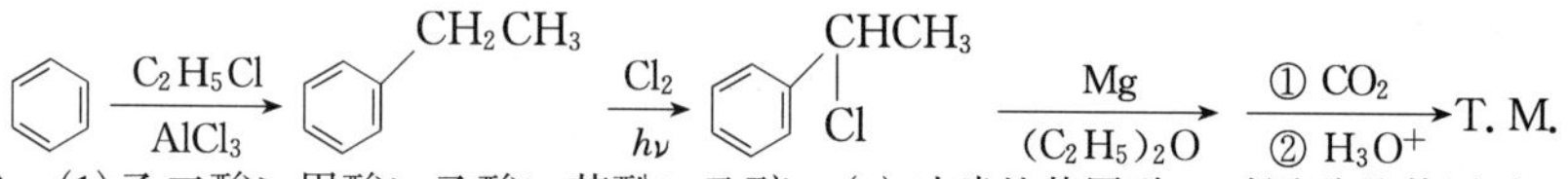

问题 11-3　(1) 乙二酸＞甲酸＞乙酸＞苯酚＞乙醇　(2) 对硝基苯甲酸＞对甲酰基苯甲酸＞苯甲酸＞对羟基苯甲酸

问题 11-4　分别加入 I₂/NaOH 溶液，产生黄色沉淀的为 2-羟基丙酸和丙酮酸，两者分别加入酸性 KMnO₄ 溶液，褪色的为 2-羟基丙酸。无黄色沉淀的分别加入酸性 KMnO₄ 溶液，褪色的为 3-羟基丙酸，不褪色的为丙酸。

问题 11-5

问题 11-6　(1) 对甲基苯甲酰溴　　(2) 对氯甲酰基苯甲酸
　　　　　(3) 顺-2,3-二甲基丁烯二酸酐　(4) N-甲基苯甲酰胺

问题 11-7

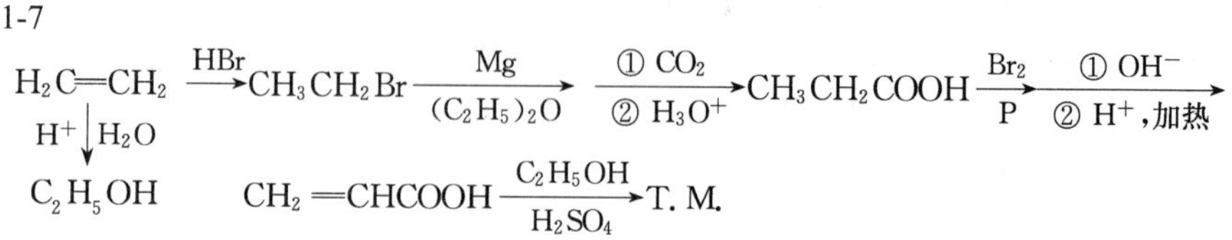

问题 11-8　—NH₂　　　—NHCOCH₃　　　—NHCH₂CH₃

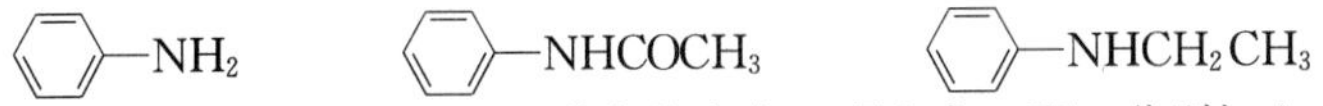

问题 11-9　分别加入 FeCl₃ 溶液，不显紫色的为戊-2-酮和戊-3-酮；分别加入 I₂/NaOH 溶液，产生黄色沉淀的为戊-2-酮；另外两种分别加入 NaHCO₃ 溶液，有气体产生的为 3-氧亚基丁酸，剩下的为乙酰乙酸乙酯。

问题 11-10

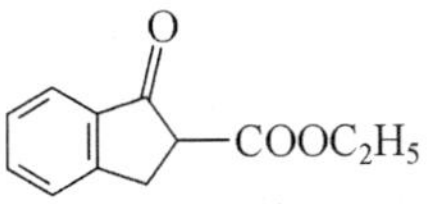

问题 11-11　该油脂的皂化值=(0.5×15×56)/2 = 210；其平均相对分子质量= 168000/210 = 800

第 12 章　胺及其衍生物

问题 12-1　(1)二苄基胺　　(2)N-乙基-N,4-二甲基苯胺　　(3)溴化三甲基苄基铵

(4)三乙胺盐酸盐　　(5)

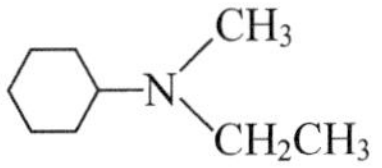

问题 12-2　(1)C>A>D>B　(2)A>B>C　(3)A>B>C

问题 12-3 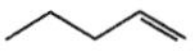　

问题 12-4　(1)

(2)用 AgNO₃ 溶液，前者有白色沉淀。

(3)用 H₃C——SO₂Cl 和 NaOH 鉴别。

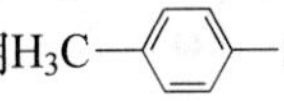

问题 12-5

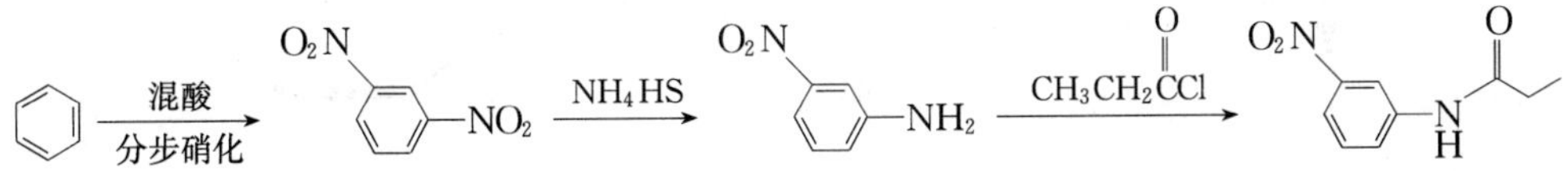

问题 12-6

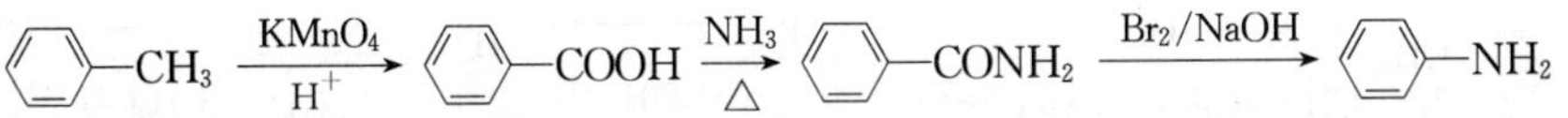

问题 12-7　(1)

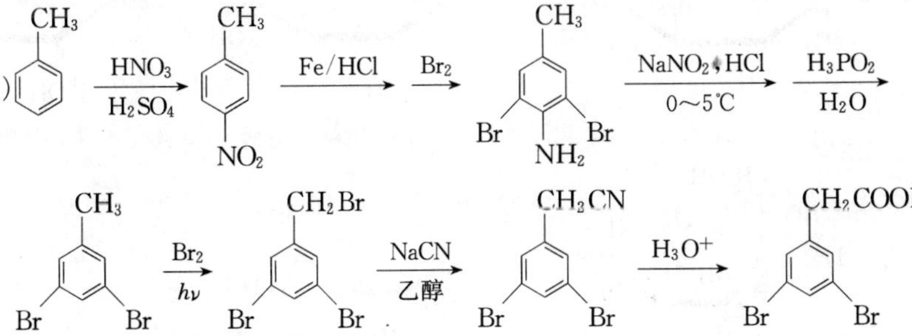

(2)

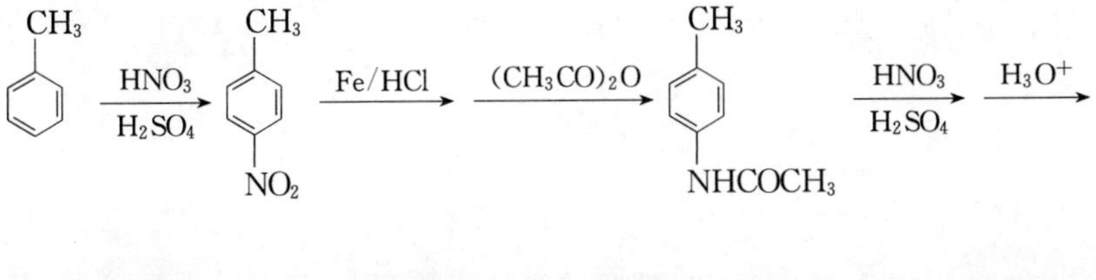

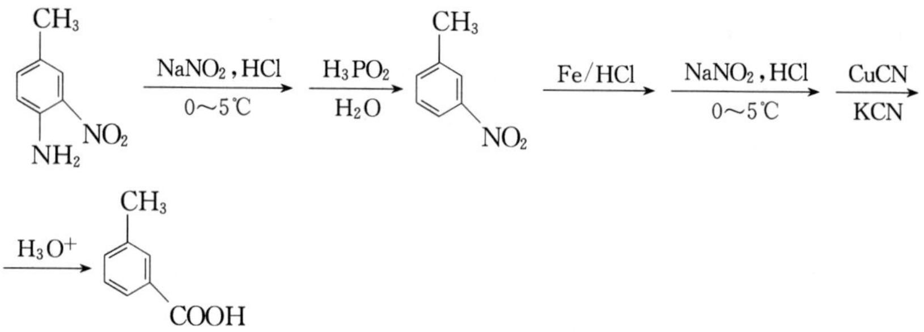

问题 12-8

(1)

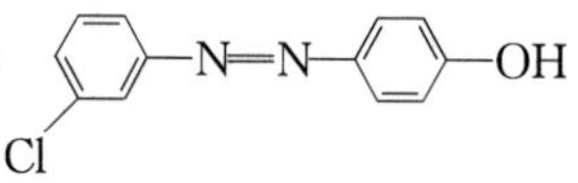

(2)

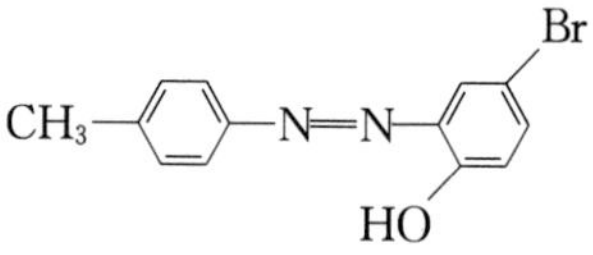

第 13 章　糖类化合物

问题 13-1

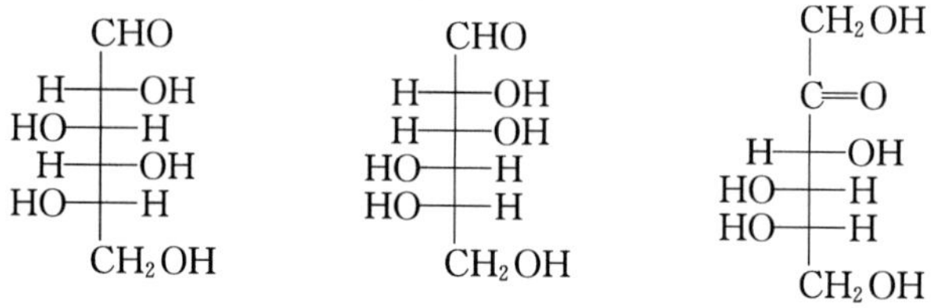

问题 13-2

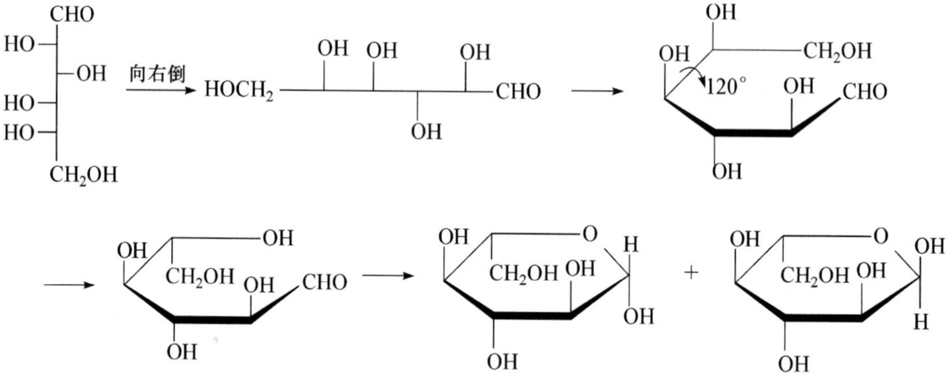

β-L-吡喃葡萄糖　　　　α-L-吡喃葡萄糖

问题 13-3　（1）

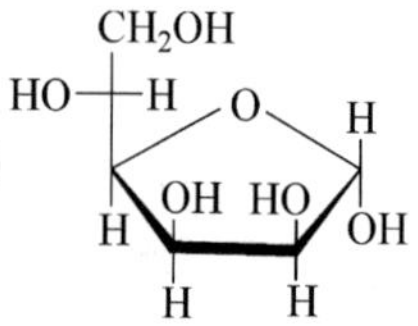

（2）

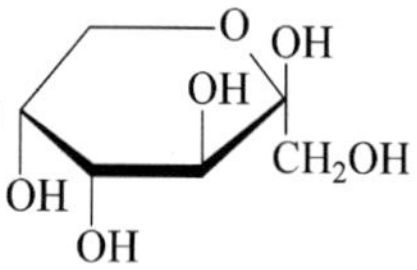

问题 13-4 (1)

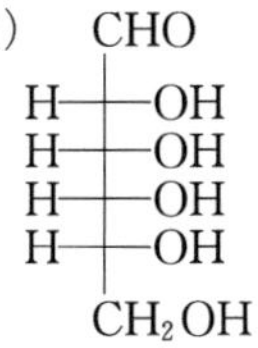

CHO
H——OH
H——OH
H——OH
H——OH
CH₂OH

(2)

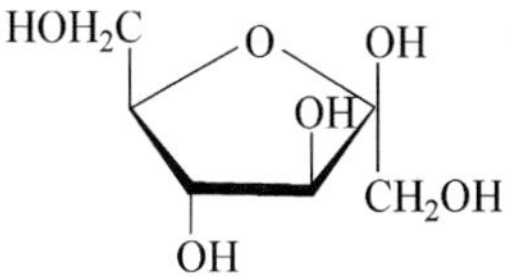

HOH₂C ——O—— OH
OH
OH
CH₂OH

问题 13-5

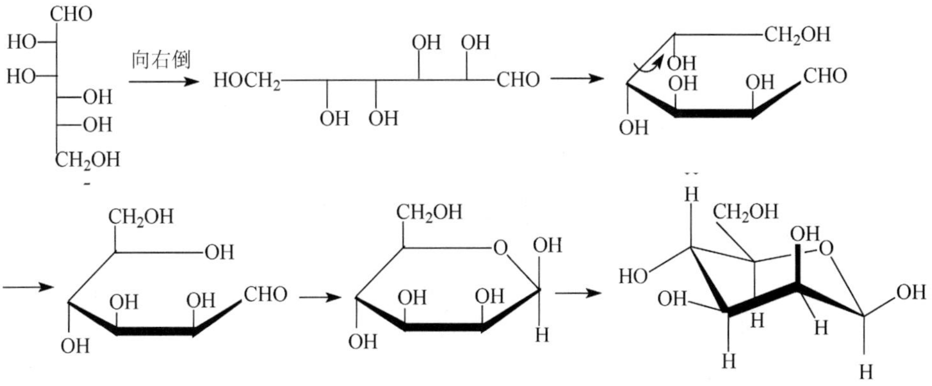

问题 13-6

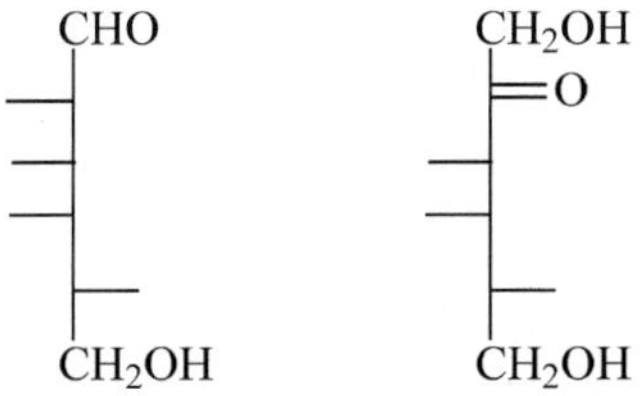

CHO
|
|
|
CH₂OH

CH₂OH
|
O
|
CH₂OH

问题 13-7 (1)

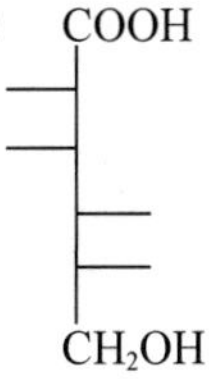

COOH
|
|
|
CH₂OH

(2)

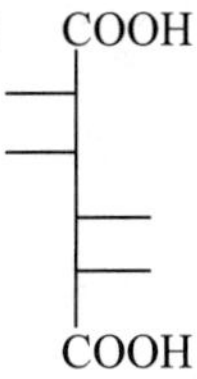

COOH
|
|
|
COOH

(3)

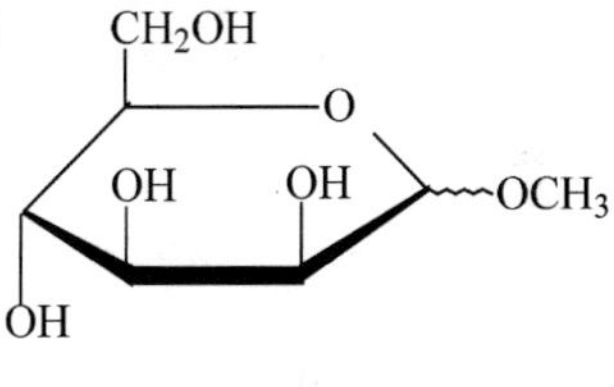

CH₂OH ——O
OH   OH
OH —— OCH₃
OH

(4)

COOH
|
|
|
CH₂OH

COOH
|
|
|
CH₂OH

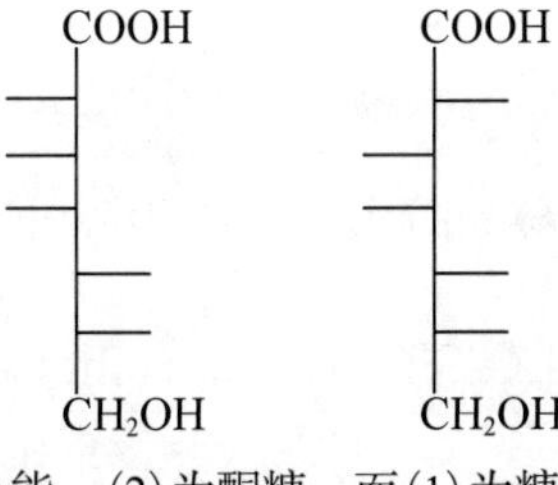

问题 13-8 (2)能，(2)为酮糖，而(1)为糖苷，(3)为糖内酯，(4)为多元醇。

问题 13-9 (1)和(2)有变旋现象。

问题 13-10 (1) 葡萄糖 / 蔗糖 } —托伦试剂→ { Ag↓ / — }   (2) 纤维素 / 淀粉 } —碘→ { — / 蓝紫色 }

(3) 麦芽糖 / 淀粉 } —托伦试剂→ { Ag↓ / — }   (4) 葡萄糖 / 果糖 } —溴水→ 褪色 { — / — }

第 14 章　杂环化合物

问题 14-1　(1)呋喃与亲电试剂反应时，进攻 α-位生成的中间体可以写出三个共振极限结构，也就是说正电荷可以分布在三个原子上，Ⅰ与Ⅱ为烯丙基正离子，Ⅲ为特别稳定的八隅体结构，整个中间体能量较低；进攻 β 位时生成的中间体只能写出两种共振极限结构，因为也有八隅体结构，总能量较高。所以呋喃的亲电取代主要发生在 α-位。

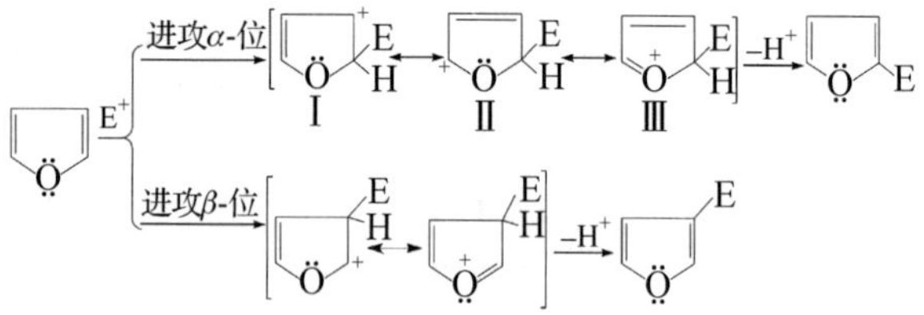

(2)吡啶与亲电试剂反应时，进攻 α-位或 γ-位时，生成的中间体中有电负性较大的氮原子带正电荷的共振极限结构，极不稳定；进攻 β 位时，正电荷在电负性较小的碳原子上，较为稳定，所以吡啶的 β-位比 α-位，γ-位更容易接受亲电试剂的进攻。

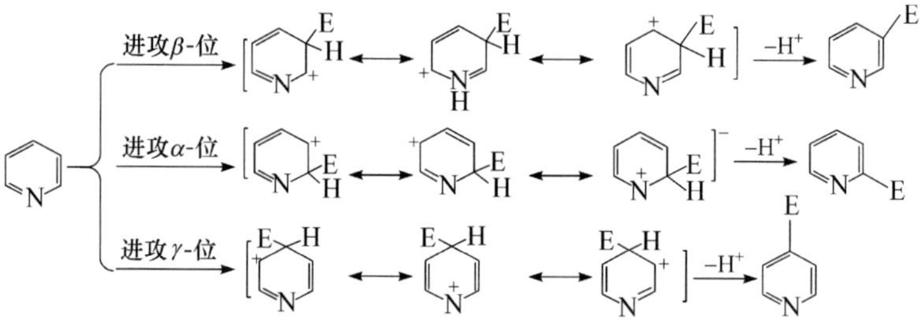

问题 14-2　(1)、(2)、(4)有芳香性，(3)吡喃环上的 4 号碳原子为 sp^3 杂化，共轭体系没有闭合，无芳香性。

问题 14-3　(1)

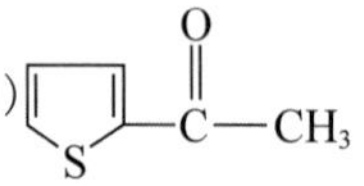

(2)

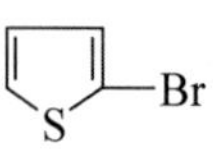

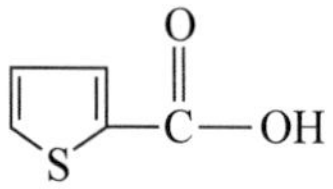

(3)

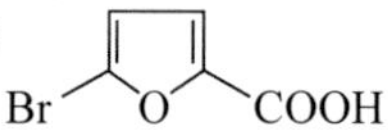

问题 14-4　(1)吡啶是一种碱性较强的有机碱，与 FeX_3(路易斯酸)成盐后，吡啶环上电子云密度下降，亲电取代反应活性降低。

(2)吡啶环上 N 原子有吸电子诱导效应，使环上碳原子的电子云密度比苯环更低，亲电取代活性不如苯。

(3)吡啶 N_{sp^2} 伸向环平面外的一对电子与盐酸成盐，没有破坏吡啶环上参与共轭的 6 电子体系，仍具有芳香性。

第 15 章　氨基酸、蛋白质和核酸

问题 15-1

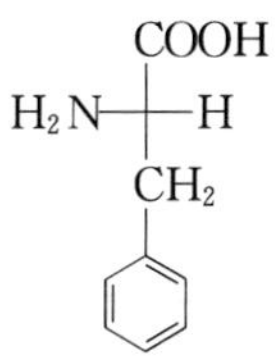

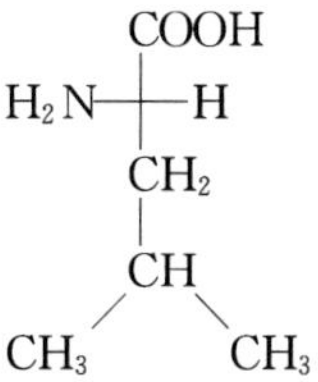

问题 15-2 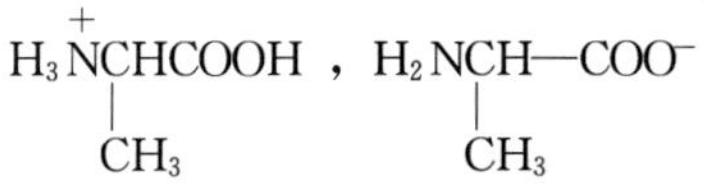

问题 15-3 (1) 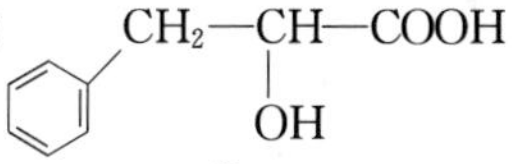

(2) 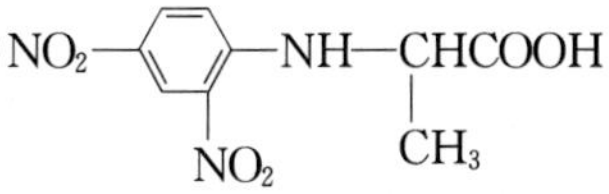

(3) 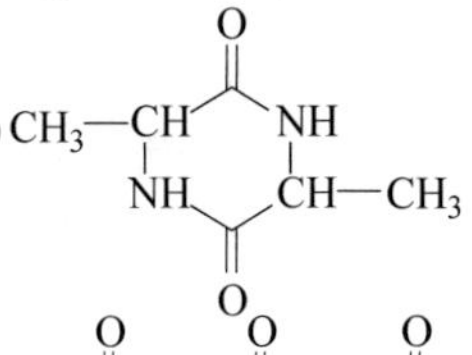

(4) 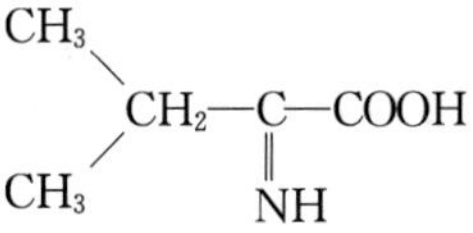 ， 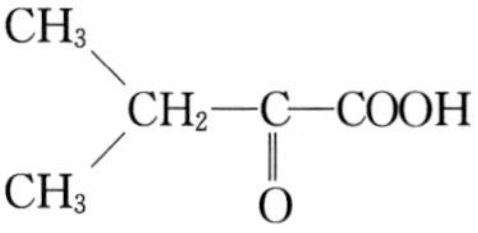

问题 15-4 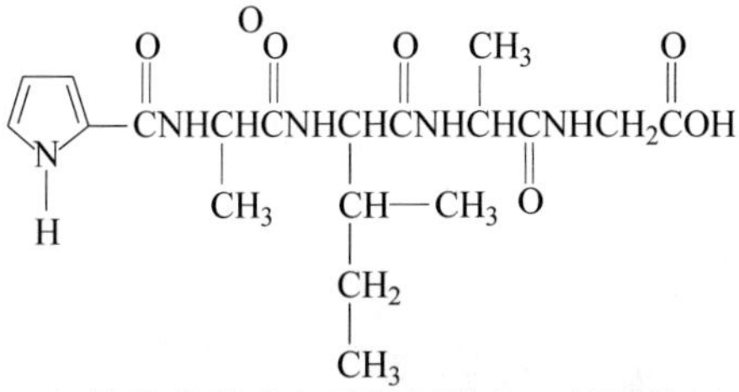

问题 15-5 三级结构的形成主要靠侧链上 R 基团的相互作用。其作用力有①氢键；②盐键(离子键)；③疏水作用力；④范德华力；⑤二硫键。氢键、盐键、疏水作用力、范德华力等分子间作用力比共价键弱得多，称为次级键。虽然次级键键能较小，稳定性较差，但数量多，故在维持蛋白质空间构象中起着重要作用。

问题 15-6 G 与 C 之间结合得更牢固，因 A 与 T 之间形成 2 个氢键，G 与 C 之间形成 3 个氢键。

《有机化学(第五版)》习题参考答案

第1章 绪 论

1. 价键理论和杂化轨道理论都是关于分子如何构成的理论。两者之间主要区别在于：①形成共价键前的原子轨道在形状、伸展方向和能量方面不同。价键理论认为原子轨道在重叠形成共价键之前仍然保持原有的形状、伸展方向和能量，而杂化轨道理论认为原子轨道需经过杂化，改变其原有形状、伸展方向，降低其能量，以便更有利于共价键的形成。②形成的分子空间构型不同。以 CH_4 分子为例，共价键理论认为 C—H 键之间的夹角为 90°，无法解释 CH_4 分子的正四面体结构，而杂化轨道理论则通过 sp^3 杂化能很好地解释。

2. C∶H $=(86.2/12)∶(13.8/1)=7.18∶13.8=1∶2$，则该有机化合物的实验式为 CH_2，$u=70/(12+2)=5$，所以该化合物的分子式为 C_5H_{10}。

3. 均裂，发生自由基型反应；异裂，发生离子型反应。

4. 略。

5. σ 键沿键轴对称分布，π 键沿垂直于 p 轨道的平面对称分布。

6. 双键碳原子为 sp^2 杂化，甲基碳原子为 sp^3 杂化。

7. 水的酸性更强，根据酸碱理论，强酸的共轭碱为弱碱，弱酸的共轭碱为强碱。

8. 质子酸：H^+、RNH_3^+、H_2S，质子碱：CN^-、OH^-、RCH_2^-、NH_2^-、RO^-，既是酸又是碱：H_2O、HS^-、NH_3、HCO_3^-

第2章 烷 烃

1. (1) 3-甲基戊烷 (2) 3-乙基-3-甲基己烷
   (3) 3,3-二乙基-2,2,4-三甲基戊烷 (4) 4,5-二乙基-2-甲基庚烷

2. (1)
$$CH_3-\underset{\underset{CH_3}{|}}{\overset{\overset{CH_3\ CH_3}{|\quad|}}{C}}-CH-CH_3$$

(2)
$$CH_3-\underset{\underset{CH_3}{|}}{\overset{\overset{CH_3\ CH_3}{|\quad|}}{C}}-CH-CH_2-CH_3 \qquad CH_3-\underset{\underset{CH_3}{|}}{\overset{\overset{CH_3}{|}}{C}}-CH_2-\overset{\overset{CH_3}{|}}{CH}-CH_2-CH_3 \qquad CH_3-\overset{\overset{CH_3\ CH_3}{|\quad|}}{CH}-\underset{\underset{CH_3}{|}}{C}-CH_2-CH_3$$

3. (1)
$$CH_3-\underset{\underset{CH_3}{|}}{\overset{\overset{CH_3}{|}}{C}}-CH_2-CH_3$$
2,2-二甲基丁烷

(2)
$$CH_3-\underset{\underset{C_2H_5}{|}}{\overset{\overset{CH_3\ CH_3}{|\quad|}}{C}}-CH-CH_3$$
2,3,3- 三甲基戊烷

$$(3) CH_3(CH_2)_2\overset{\displaystyle CH-CH_3}{\underset{\displaystyle CH}{|}}-(CH_2)_2CH_3 \quad (上方CH_3)$$

(3) CH₃(CH₂)₂—CH—(CH₂)₂CH₃ 上接 CH—CH₃，再上 CH₃

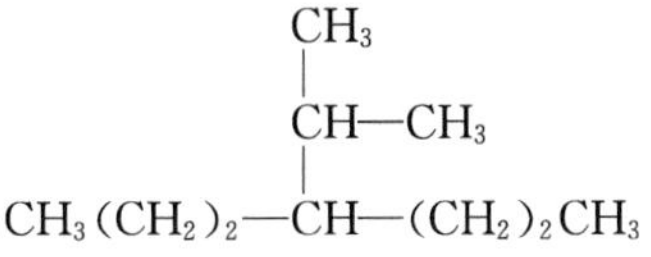

(4) 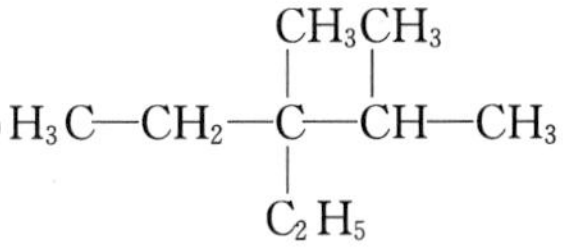 H₃C—CH₂—C—CH—CH₃，C上接CH₃和C₂H₅，CH上接CH₃

3-乙基-2,3-二甲基戊烷

(5) 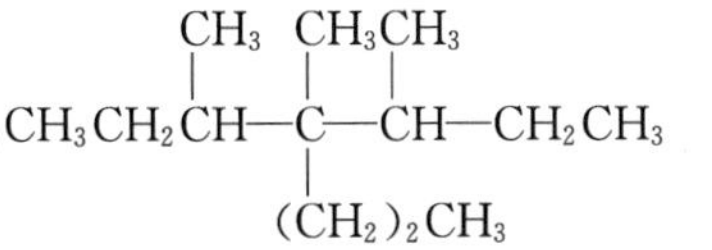 CH₃CH₂CH—C—CH—CH₂CH₃，C上接CH₃、CH₃，(CH₂)₂CH₃，CH上接CH₃

(6) 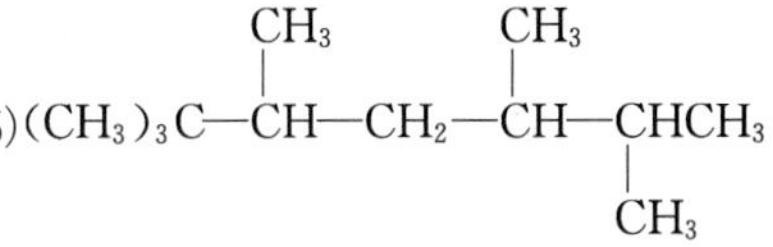 (CH₃)₃C—CH—CH₂—CH—CHCH₃，CH上接CH₃，第二CH上接CH₃，末端CH₃

2,2,3,5,6-五甲基庚烷

4. (1) 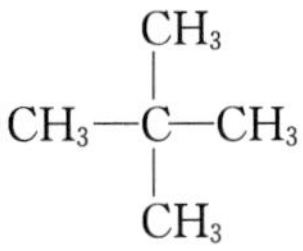 CH₃—C—CH₃，上下各CH₃

(2) H₃C—CH₂—CH₂—CH₂—CH₃

(3) H₃C—CH₂—CHCH₃，下接CH₃

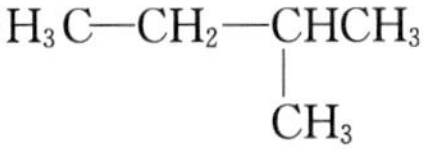

(4) 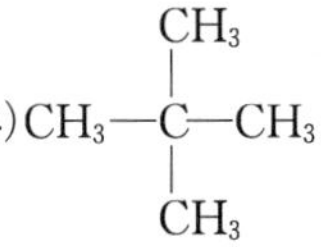 CH₃—C—CH₃，上下各CH₃

5. (3) > (2) > (1) > (4)

6. (1)
(2)

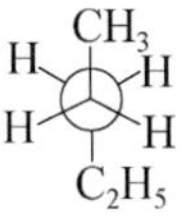

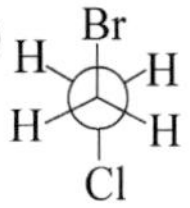

第3章　烯烃和红外光谱

1. 提示：戊烯3种(包括顺反异构体)、丁烯3种。

2. (1) 3-甲基戊-2-烯　　(2) 2-甲基-3-甲亚基戊烷　　(3) (Z)-1-溴-1-氯丁-1-烯

(4) (E)-2-氯己-3-烯　　(5) CH₃CH₂CH₂CH—C=CH₂，CH上接CH₃，C上接CH₃　　(6)

(7) 　　(8)

3. 用浓硫酸洗涤。烯烃与浓 H₂SO₄ 作用生成酸性硫酸酯而溶于硫酸中，烷烃不与硫酸作用；故可以分层。

4. CH₃CH₂CH=CH₂　　CH₃CH₂C=CHCHCH₃，C上接CH₃，CH上接CH₃

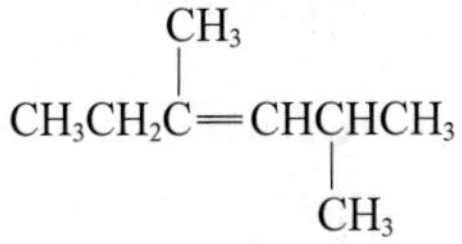

5. (1) > (3) > (2)

6. 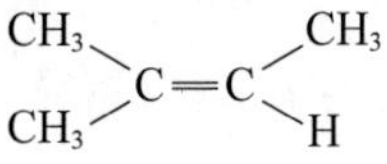 　　或　CH₂=CHCH₂CH₃，下接CH₃

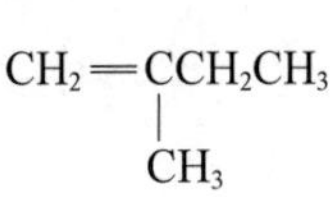

7. $(CH_3)_2C=CHCH_2CH_2CH=CHCH_3$　或　$CH_3CH=CCH_2CH_2CH=C(CH_3)_2$
（分别含有 CH_3 支链）

8. (1) $(CH_3)_2C(Br)-CH_3$　$(CH_3)_2CHCH_2Br$

(2) $CH_3-C(CH_3)(Br)-CH=CH_2$　$(CH_3)_2CHCH(Br)-CH_2Br$

(3) $(CH_3CH_2CH_2)_3B$　　$CH_3CH_2CH_2OH$

(4) $CH_3COCH_3 + CH_3CH_2CHO$

(5) 环己烷-1,2-二醇（OH, OH 相邻）

第4章　炔烃、共轭二烯烃和紫外光谱

1. (1) 2,2,5-三甲基己-3-炔　　(2) 己-1,3-二烯-5-炔　　(3) 庚-5-烯-1,3-二炔

(4) 环己基$-C\equiv CH$

(5) $\begin{matrix} H_3C \\ H \end{matrix} C=C \begin{matrix} H \\ C\equiv CCH_2CH_3 \end{matrix}$

(6) $CH\equiv C-\underset{\underset{H}{|}}{C}(CH_3CHCH_2CH_3)-\underset{\underset{H}{|}}{C}=CHCH_3$

(7) $\left[CH_2-CH=\underset{\underset{Cl}{|}}{C}-CH_2 \right]_n$

2. (1) $H-C\equiv C-H + NaNH_2 \xrightarrow{液氨} H-C\equiv C-Na \xrightarrow{CH_3CH_2CH_2Br} \text{T.M.}$

(2) $H-C\equiv C-H + NaNH_2 \xrightarrow{液氨} H-C\equiv C-Na \xrightarrow{CH_3Br} H-C\equiv C-CH_3 \xrightarrow[液氨]{NaNH_2}$

$Na-C\equiv C-CH_3 \xrightarrow{CH_3CH_2CH_2Br} \text{T.M.}$

(3) $HC\equiv CH \xrightarrow{Cl_2} \begin{matrix} H \\ Cl \end{matrix} C=C \begin{matrix} Cl \\ H \end{matrix} \xrightarrow{H_2/Ni} \text{T.M.}$

(4) $H-C\equiv C-H + 2NaNH_2 \xrightarrow{液氨} Na-C\equiv C-Na \xrightarrow{2CH_3Br} CH_3-C\equiv C-CH_3$
$\xrightarrow{H_2/林德拉催化剂} \text{T.M.}$

(5) $H-C\equiv C-H + 2NaNH_2 \xrightarrow{液氨} Na-C\equiv C-Na \xrightarrow{2CH_3Br} CH_3-C\equiv C-CH_3$
$\xrightarrow{Na/液氨} \text{T.M.}$

(6) $HC\equiv CH \xrightarrow{Cu_2Cl_2/NH_4Cl} H_2C=CHC\equiv CH \xrightarrow[H_2SO_4]{H_2O} CH_3\underset{\underset{HO}{|}}{C}HC\equiv CH \xrightarrow{H_2/Ni} \text{T.M.}$

(7) $HC\equiv CH \xrightarrow{Cu_2Cl_2/NH_4Cl} H_2C=CHC\equiv CH \xrightarrow{HBr/ROOR} \underset{\underset{Br}{|}}{C}H_2CH_2C\equiv CH \xrightarrow{H_2/Ni} \text{T.M.}$

(8) $H-C\equiv C-H + NaNH_2 \xrightarrow{液氨} H-C\equiv C-Na \xrightarrow{CH_3CH_2Br} H-C\equiv C-CH_2CH_3$
$\xrightarrow{2HCl} \text{T.M.}$

3. (1) $HC \equiv CCH_2CH_2CH_3 \xrightarrow[Pd/CaCO_3-Pb(CH_3COO)_2]{H_2} H_2C = CHCH_2CH_2CH_3 \xrightarrow{Br_2/500℃}$

$$H_2C = CHCHCH_2CH_3 \xrightarrow{NaOH/C_2H_5OH} T.M.$$
$$\underset{Br}{\mid}$$

(2) $(CH_3)_2CHCH = CHCH = CH_2$

(3) $CH_2 = CHCH = CHCH_3$(主) 和 $CH_2 = CHCH_2CH = CH_2$(次)

(4) B 是共轭体系，加成在三键上形成稳定性好的共轭二烯烃化合物。A 不是共轭体系，双键加成的活性比三键大。

(5) 不矛盾。乙炔中的 C 原子采取 sp 杂化，C—H 键中沿键轴重叠最大，因而键能最大；同时由于 s 成分多，C 原子对成键电子的吸引能力增强，从而在 C—H 键中，成键电子云偏向于碳原子，对氢原子的束缚较弱而显酸性。

(6) 不矛盾。电子的离域作用使其稳定，同时离域电荷的相对流动性又使它相对活泼。

(7) 有，但不是只有它。在形成的 3 中心 3 电子的烯丙基游离基后，两端都可以被溴游离基进攻，形成两种产物。

4. (A) $CH_3CH_2CH_2C \equiv CAg$(沉淀)；(B) $CH_3CH_2CH_2C \equiv CH$；(C) 甲烷(气体)；(D) $CH_3C \equiv CMgBr$；
(E) $CH_3C \equiv CCH_3$；(F) $CH_3CH_2C \equiv CNa$；(G) $CH_3CH_2C \equiv CCH_2CH_3$；
(H) $CH_3CH_2CH_2\underset{\underset{O}{\parallel}}{C}CH_2CH_3$；(I) $CH_3C \equiv CNa$；(J) $CH_3C \equiv CH$；(K) $CH_3COOH + CO_2\uparrow$；

(L) $CH_2 = \underset{\underset{CH_3}{\mid}}{C} - CH = CH_2$；(M) $CH_3\underset{\underset{CH_3}{\mid}}{\overset{\overset{Br}{\mid}}{C}}CH = CH_2$；(N) $CH_3\overset{\overset{CH_3}{\mid}}{C} = CHCH_2Br$

5. $CH_3\overset{\overset{CH_3}{\mid}}{C}HC \equiv CCH_3$

6. 前者为 1,2-加成产物，由速率控制，后者为 1,4-加成产物由平衡控制。反应式略。

7. (1) 先聚合成乙烯基乙炔，然后生成炔钠和烯丙基氯反应。

(2) 将丙烯变成烯丙基氯，乙炔与一分子氨基钠反应生成炔钠，然后反应得产物。

(3) $CH_3CH = CH_2 \xrightarrow{NBS} \underset{\underset{Br}{\mid}}{C}H_2CH = CH_2 \xrightarrow[ROOR]{HBr} \underset{\underset{Br}{\mid}}{C}H_2CH_2CH_2Br$

$HC \equiv CH \xrightarrow{Cu_2Cl_2/NH_4Cl} HC \equiv CCH = CH_2 \xrightarrow[林德拉催化剂]{H_2} H_2C = CHCH = CH_2$

$HC \equiv CNa \xrightarrow{BrCH_2CH_2CH_2Br} HC \equiv CCH_2CH_2CH_2Br \xrightarrow[林德拉催化剂]{H_2} H_2C = CHCH_2CH_2CH_2Br$

(4) $CH_3CH = CH_2 \xrightarrow[hv]{NBS} \underset{\underset{Br}{\mid}}{C}H_2CH = CH_2 \xrightarrow{NaOH/H_2O} \underset{\underset{OH}{\mid}}{C}H_2CH = CH_2 \xrightarrow{Cu/325℃} H_2C = CHCHO$

8. (1) 先用 $AgNO_3/NH_3$ 分出炔化银沉淀，分离出沉淀然后硝酸酸化得炔烃，余下为癸-1-烯，分离干燥即可。

(2)用酸性高锰酸钾溶液氧化己-3-烯和己-3-炔，然后用分液漏斗分离。

第5章　脂　环　烃

1. (1)1-异丙基-2-甲基环戊烷　(2)1, 6-二甲基螺[4.5]癸烷
(3)1-乙基-2-甲基环戊烷　(4)螺[3.4]辛烷
(5)二环[2.2.1]庚烷　(6)反-1, 2-二甲基环丙烷
(7)异丙基环丙烷　(8)5-溴螺[3.4]辛烷
(9)顺-1-异丙基-2-甲基环己烷　(10)2, 7, 7-三甲基二环[2.2.1]庚烷
(11)6-甲基螺[2.5]辛烷　(12)7, 7-二氯二环[4.1.0]庚烷

2. (1)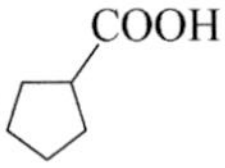

(2)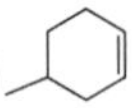
(3)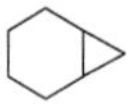
(4)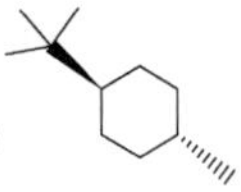
(5)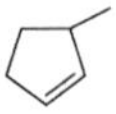
(6)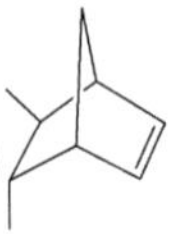
(7)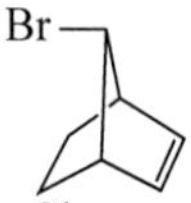

(8)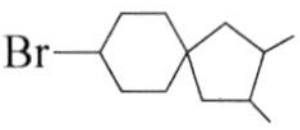

(9)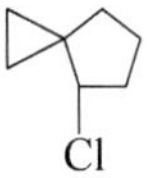

(10)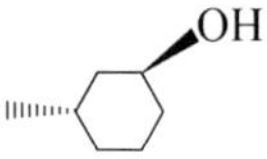

(11)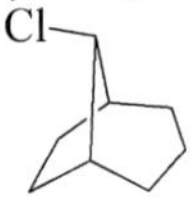

(12)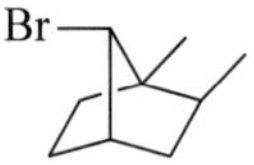

3. (1)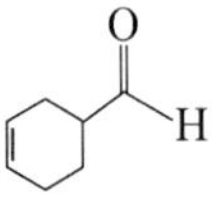

(2)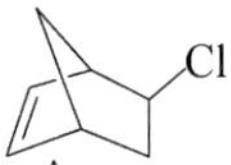

(3)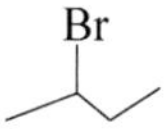

(4)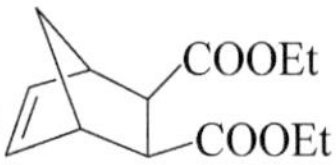

(5)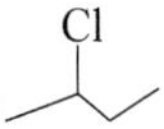

(6)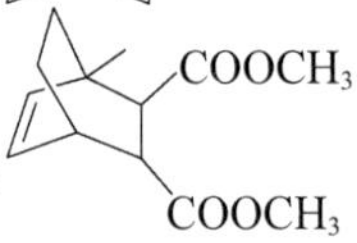

(7)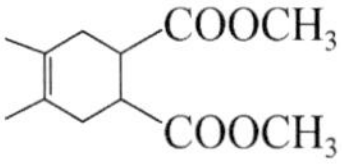

(8)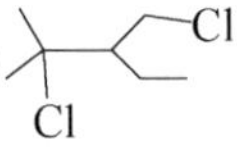

(9)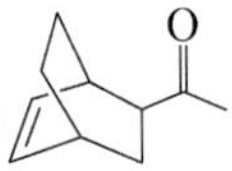

(10)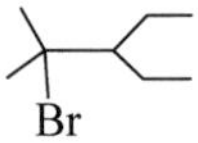

4. (1)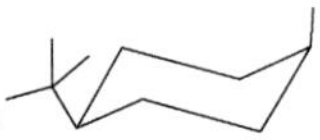
(2)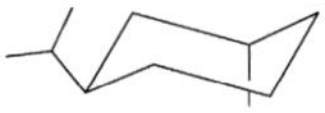
(3)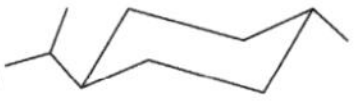
(4)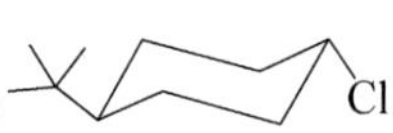

(5)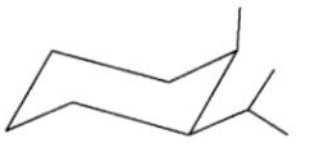
(6)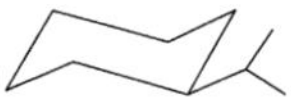

5. (1)$AgNO_3/NH_3$，$KMnO_4$溶液　(2)$KMnO_4$溶液
(3)$AgNO_3/NH_3$，$KMnO_4$溶液　(4)$KMnO_4$溶液　(5)Br_2/CCl_4

6. 略。

7. (1)A. 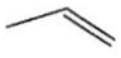
B. 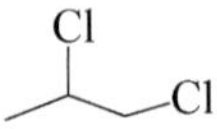

C. 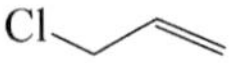

D. 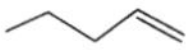
E. 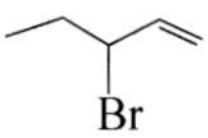

F. 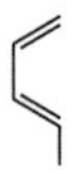
G. 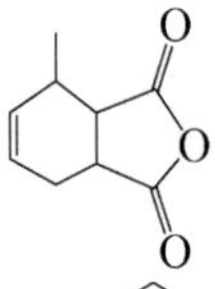

(2)A. 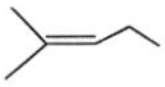
B. 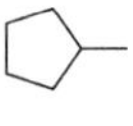
C. 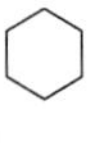
D. 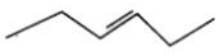

(3) A. 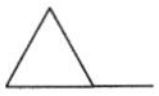 △   B. 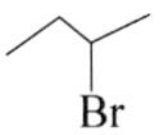 （带Br的支链结构）   C. 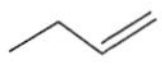 （丙烯/烯丙基结构）

第6章 芳 香 烃

1. (1) 4-氯甲苯　　(2) 叔丁基苯　　(3) 对二甲苯　　(4) 4-甲基苯甲酸
   (5) 1-苯基丁-2-烯　(6) 苯甲醇　(7) 4-羟基-3-甲基苯甲酸　(8) 1,6-二甲基萘

2. (1) 对二甲苯＞甲苯＞苯＞对氯甲苯
   (2) 甲苯＞氯苯＞4-氯硝基苯＞1-氯-2,4-二硝基苯
   (3) 乙酰苯胺＞苯＞苯乙酮
   (4) 对二甲苯＞甲苯＞对甲基苯甲酸＞对苯二甲酸

3. (1) 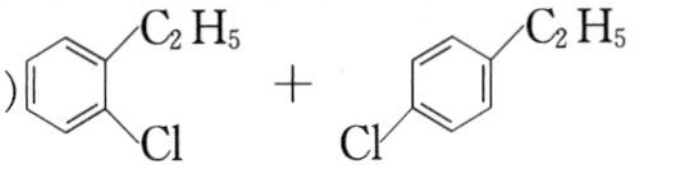 邻氯乙苯 + 对氯乙苯　　(2) 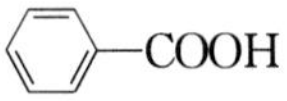 C₆H₅—COOH

   (3) 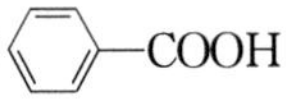 C₆H₅—COOH　　(4) 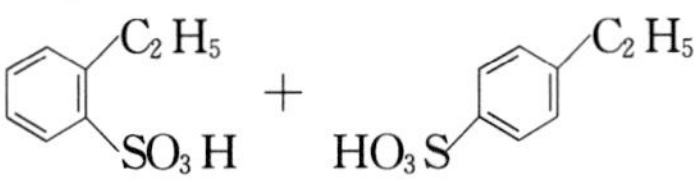 邻乙基苯磺酸 + 对乙基苯磺酸

   (5) 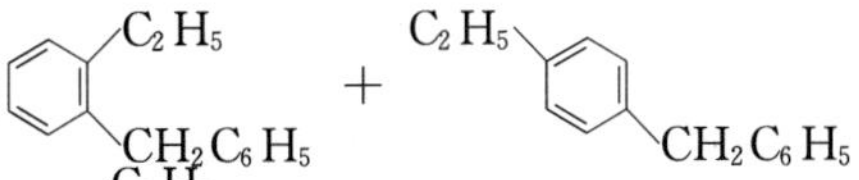 邻位二取代物 + 对位二取代物　　(6) 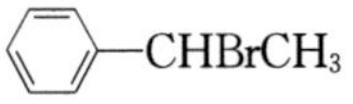 C₆H₅—CHBrCH₃

   (7) 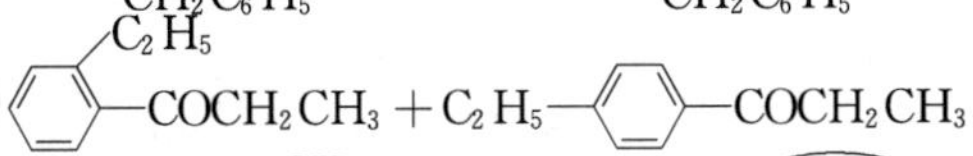 邻-COCH₂CH₃ + C₂H₅—C₆H₄—COCH₂CH₃　　(8) 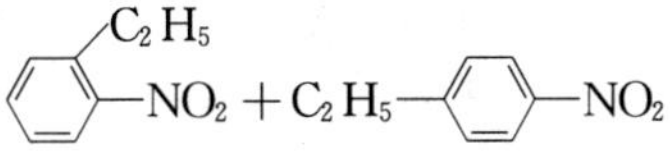 邻乙基硝基苯 + C₂H₅—C₆H₄—NO₂

4.

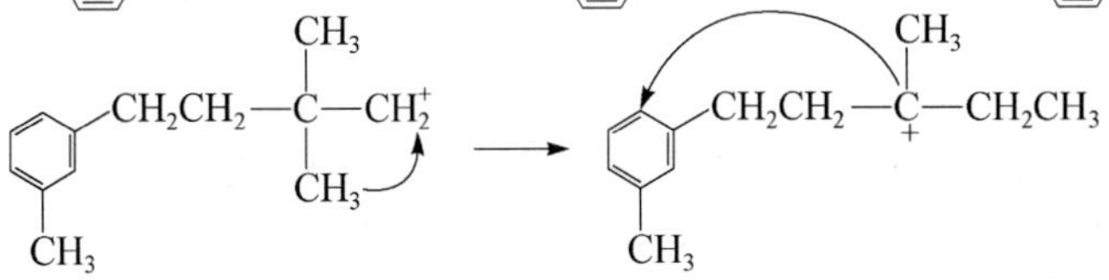

存在碳正离子的重排，由一级碳正离子重排为三级碳正离子。

5. (1) 加入银氨溶液，产生白色沉淀的是己-1-炔；余下两者加入高锰酸钾或溴水，褪色的是环己-1,3-二烯。
   (2) 加入银氨溶液，产生白色沉淀的是苯乙炔；余下两者加入高锰酸钾，褪色的是环己-1-烯。
   (3) 加入溴水，褪色的是 1-苯基环己烯。

6. (1) 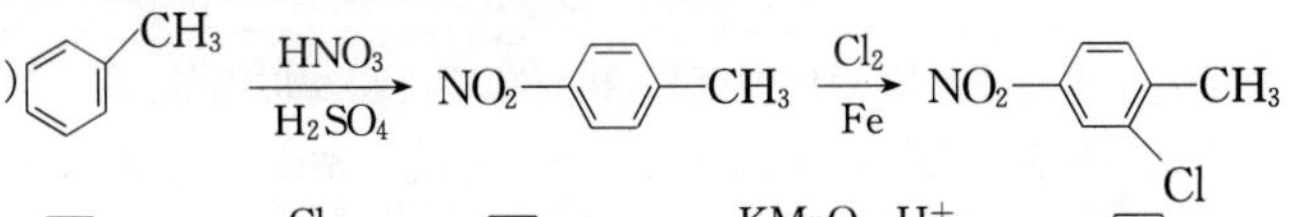 甲苯 $\xrightarrow[H_2SO_4]{HNO_3}$ 对硝基甲苯 $\xrightarrow[Fe]{Cl_2}$ 产物

   (2) 甲苯 $\xrightarrow[Fe]{Cl_2}$ 对氯甲苯 $\xrightarrow[\triangle]{KMnO_4,H^+}$ 对氯苯甲酸

   (3) 甲苯 $\xrightarrow[AlCl_3]{(CH_3)_3CCl}$ (CH₃)₃C—C₆H₄—CH₃ $\xrightarrow[\triangle]{KMnO_4,H^+}$ (CH₃)₃C—C₆H₄—COOH

   (4) 苯 $\xrightarrow[AlCl_3]{CH_3COCl}$ C₆H₅—COCH₃ $\xrightarrow[H_2SO_4]{HNO_3}$ 间硝基苯乙酮

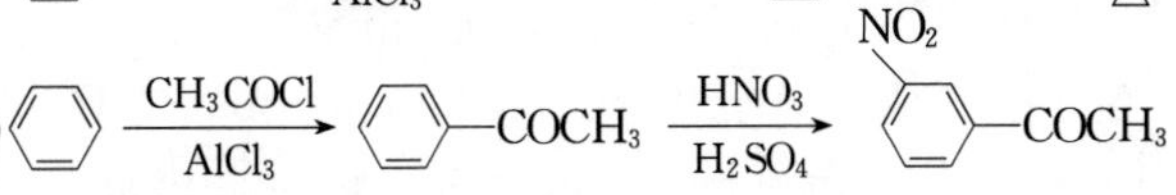

   (5) 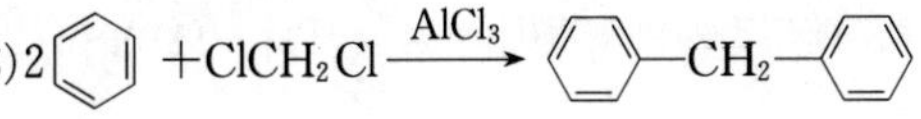 2 苯 + ClCH₂Cl $\xrightarrow{AlCl_3}$ C₆H₅—CH₂—C₆H₅

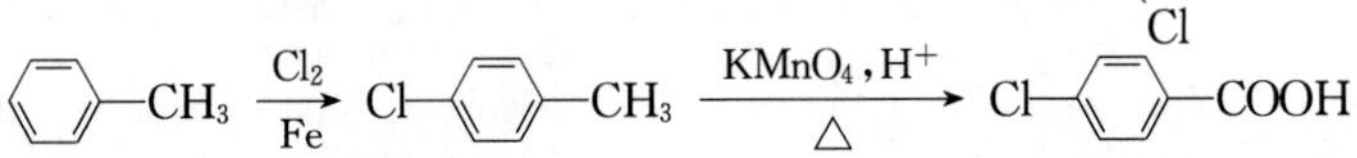

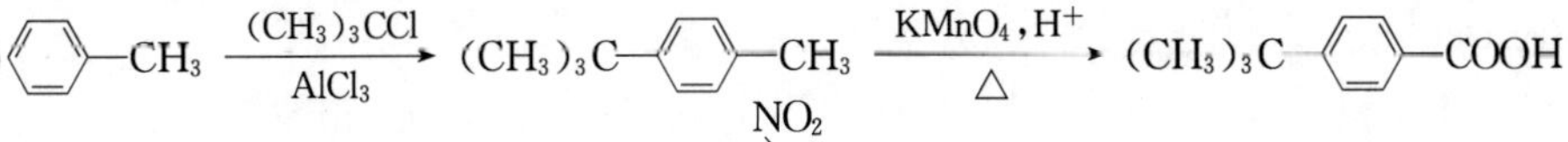

(6)

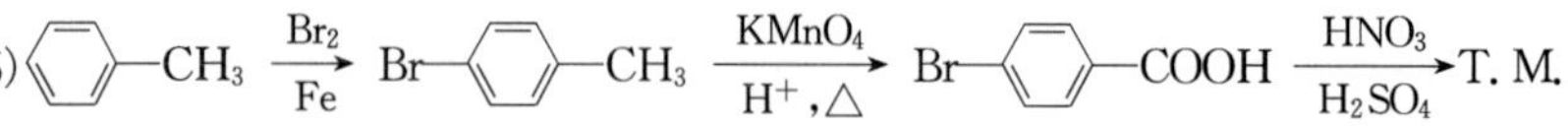

7. A. 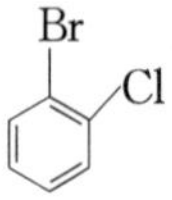 　 B. 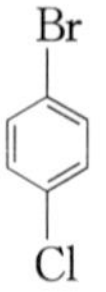 　 C. 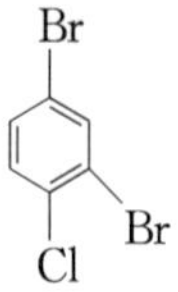 　 D.

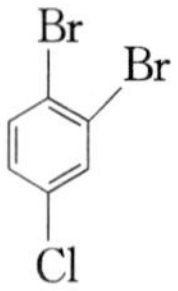

第 7 章　对映异构

1. (1)、(2)、(5)、(6)具有手性。

2. (1)具有旋光活性的物质称为旋光性物质。

(2)使偏振光向左偏转的现象称为左旋；使偏振光向右偏转的现象称为右旋。

(3)实物和镜像不能重叠的现象称为具有手性。

(4)连有四个不同原子或基团的碳称为手性碳原子。

(5)构造式相同的两个分子由于原子在空间的排列不同，彼此互为镜像，不能重合的分子，互称对映体。

(6)构造式相同，构型不同，但不是实物与镜像关系的化合物互称非对映体。

(7)分子内，含有构造相同的手性碳原子，但存在对称面的分子，称为内消旋体，用 meso 表示。

(8)一对对映体右旋体和左旋体的等量混合物称为外消旋体。

(9)将手性碳上四个不同基团按顺序规则从大到小排列，从远离最小基团的方向观察，观察手性碳上的其余三个基团，若这三个基团从大到小按顺时针方向排列，构型是 R；按逆时针方向排列，构型是 S。

(10)为了研究的方便，人为地选定右旋的甘油醛为标准物，将它的结构按费歇尔投影式的投影原则进行投影，这时其碳链处于竖直方向，醛基在碳链上端，中间碳上的羟基处于费歇尔投影式的右侧，规定这种构型的甘油醛为 D 构型。与之对应，左旋甘油醛中，中间碳上的羟基处于费歇尔投影式的左侧，则为 L 构型。

(11)使偏振光向右偏转的现象称为右旋，用符合"+"表示；使偏振光向左偏转的现象称为左旋，用符合"–"表示。

(12)通常规定 1mol 含 1g 旋光性物质的溶液，放在 1dm(10cm)长的盛液管中测得的旋光度，称为该物质的比旋光度。

3. (1)分子具有旋光性的充分必要条件是该分子没有对称因素(包括对称中心和对称面等)。

(2)含手性碳的化合物一定具有旋光异构体。含手性碳的化合物不一定具有旋光性，如内消旋体。

(3)有旋光性一定具有手性。

(4)有手性不一定有手性碳。

4. (1)3S-3-溴-2，2-二甲基戊烷　　　　(2)2R-丁-3-烯-2-醇

(3)(2S，3R)-2，3-二氯丁烷　　　　(4)2R-2-甲基丁-3-炔醛

5. (1)对映体　　　　(2)对映体　　　　(3)同一化合物　　　　(4)对映体

6. (1)无　　　(2)有　　　(3)有　　　(4)无　　　(5)有　　　(6)有

7. 两个手性碳，4 个旋光异构体，(1)和(2)、(3)和(4)互为对映异构体。(1)和(3)、(1)和(4)、(2)和(3)、(2)和(4)互为非对映异构体。

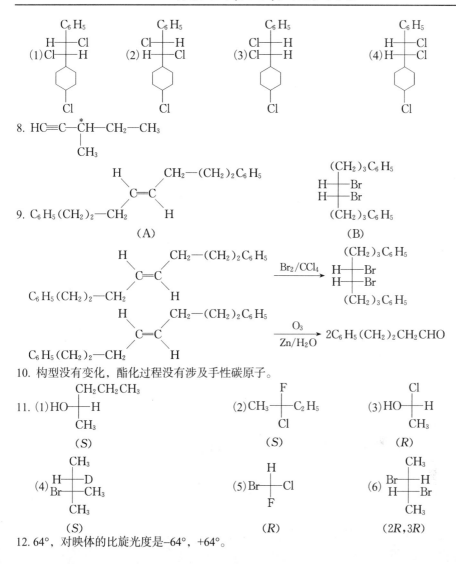

10. 构型没有变化，酯化过程没有涉及手性碳原子。

12. 64°，对映体的比旋光度是−64°，+64°。

第8章 卤 代 烃

1. 卤素原子直接连在 sp^2 杂化碳上，卤原子上的未共用电子对与双键的 π 电子云形成了 p-π 共轭体系（富电子 p-π 共轭），使碳卤键难以断裂。卤素原子连在 sp^2 杂化碳相邻的碳原子上，卤素原子易离解下来，形成 p-π 共轭体系的碳正离子，正电荷得到分散，使体系趋于稳定，因此有利于亲核取代反应的进行。

2. 水解活性：

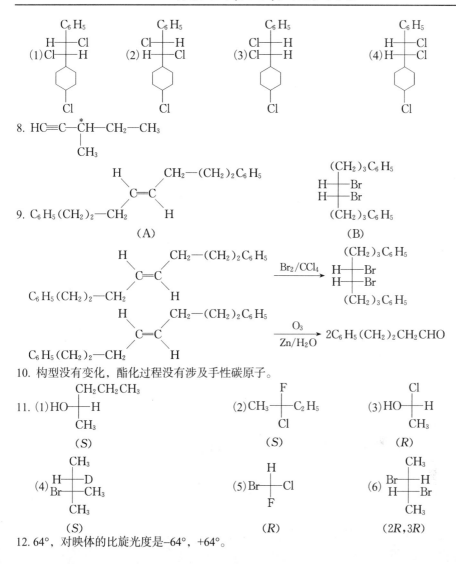

3. 活性：2-环己基-2-溴丙烷＞2-溴丙烷＞1-溴丙烷＞1-溴丙烯

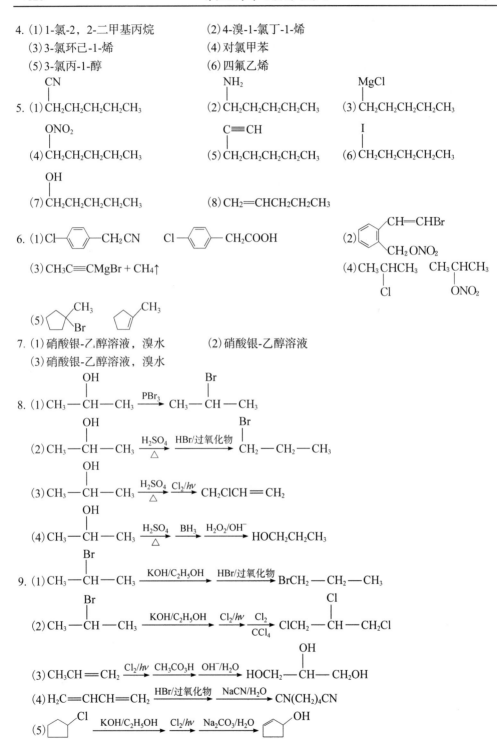

4. (1) 1-氯-2，2-二甲基丙烷　　　(2) 4-溴-1-氯丁-1-烯
　　(3) 3-氯环己-1-烯　　　　　　(4) 对氯甲苯
　　(5) 3-氯丙-1-醇　　　　　　　(6) 四氟乙烯

5. (1) CH₃CH₂CH₂CH₂CH₃ (上: CN)　(2) CH₃CH₂CH₂CH₂CH₃ (上: NH₂)　(3) CH₃CH₂CH₂CH₂CH₃ (上: MgCl)

　(4) CH₃CH₂CH₂CH₂CH₃ (上: ONO₂)　(5) CH₃CH₂CH₂CH₂CH₃ (上: C≡CH)　(6) CH₃CH₂CH₂CH₂CH₃ (上: I)

　(7) CH₃CH₂CH₂CH₂CH₃ (上: OH)　(8) CH₂=CHCH₂CH₂CH₃

6. (1) Cl—⟨benzene⟩—CH₂CN　　Cl—⟨benzene⟩—CH₂COOH　　(2) ⟨benzene: CH=CHBr, CH₂ONO₂⟩

　(3) CH₃C≡CMgBr + CH₄↑　　(4) CH₃CHCH₃ (下: Cl)　CH₃CHCH₃ (下: ONO₂)

　(5) ⟨cyclopentane CH₃, Br⟩　　⟨cyclopentene CH₃⟩

7. (1) 硝酸银-乙醇溶液，溴水　　(2) 硝酸银-乙醇溶液
　(3) 硝酸银-乙醇溶液，溴水

8. (1) CH₃—CH—CH₃ (上: OH) →(PBr₃)→ CH₃—CH—CH₃ (上: Br)

　(2) CH₃—CH—CH₃ (上: OH) →(H₂SO₄/△)→(HBr/过氧化物)→ CH₂—CH₂—CH₃ (上: Br)

　(3) CH₃—CH—CH₃ (上: OH) →(H₂SO₄/△)→(Cl₂/hν)→ CH₂ClCH=CH₂

　(4) CH₃—CH—CH₃ (上: OH) →(H₂SO₄/△)→(BH₃)→(H₂O₂/OH⁻)→ HOCH₂CH₂CH₃

9. (1) CH₃—CH—CH₃ (上: Br) →(KOH/C₂H₅OH)→(HBr/过氧化物)→ BrCH₂—CH₂—CH₃

　(2) CH₃—CH—CH₃ (上: Br) →(KOH/C₂H₅OH)→(Cl₂/hν)→(Cl₂/CCl₄)→ ClCH₂—CH—CH₂Cl (上: Cl)

　(3) CH₃CH=CH₂ →(Cl₂/hν)→(CH₃CO₃H)→(OH⁻/H₂O)→ HOCH₂—CH—CH₂OH (上: OH)

　(4) H₂C=CHCH=CH₂ →(HBr/过氧化物)→(NaCN/H₂O)→ CN(CH₂)₄CN

　(5) ⟨cyclopentane-Cl⟩ →(KOH/C₂H₅OH)→(Cl₂/hν)→(Na₂CO₃/H₂O)→ ⟨cyclopentene-OH⟩

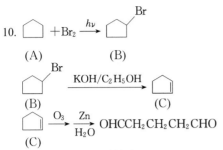

10. (A)　(B)

(B) →KOH/C₂H₅OH→ (C)

(C) →O₃→Zn/H₂O→ OHCCH₂CH₂CH₂CHO

11. 共有 9 种可能的结构式

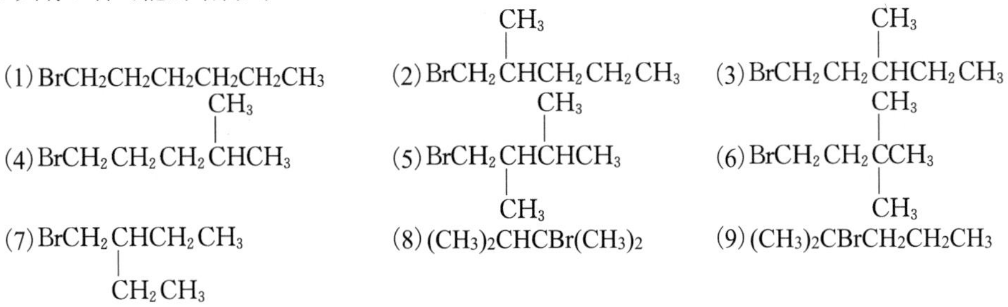

(1) BrCH₂CH₂CH₂CH₂CH₂CH₃

(2) BrCH₂CHCH₂CH₂CH₃ （CH₃）

(3) BrCH₂CH₂CHCH₂CH₃ （CH₃）

(4) BrCH₂CH₂CH₂CHCH₃ （CH₃）

(5) BrCH₂CHCHCH₃ （CH₃,CH₃）

(6) BrCH₂CH₂CCH₃ （CH₃,CH₃）

(7) BrCH₂CHCH₂CH₃ （CH₂CH₃）

(8) (CH₃)₂CHCBr(CH₃)₂

(9) (CH₃)₂CBrCH₂CH₂CH₃

第 9 章　醇、酚、醚

1. (1) 1-甲氧基-3-甲基戊- 2-醇
(2) 对乙氧基苯甲醇(或 4-乙氧基苯甲醇)
(3) 4-羟基-3-硝基苯磺酸
(4) 5-甲基己-5-烯-3-醇
(5) 4-氯萘-1-酚
(6)  结构式

(7) 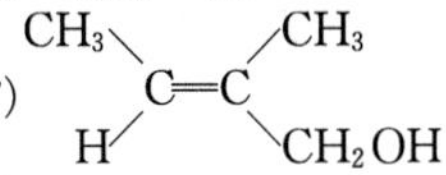 结构式

(8) 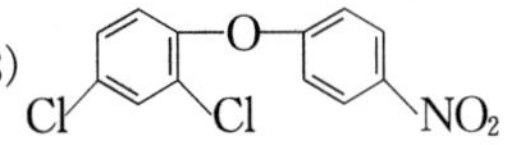 结构式

2. 略。

3. 沸点从高到低：正庚醇＞己-3-醇＞2-甲基戊-2-醇＞正己烷

4. 酸性：(3)苯酚＞(2)对甲苯酚＞(4)苯甲醇＞(1)环己醇＞(5)苯甲醚

5. 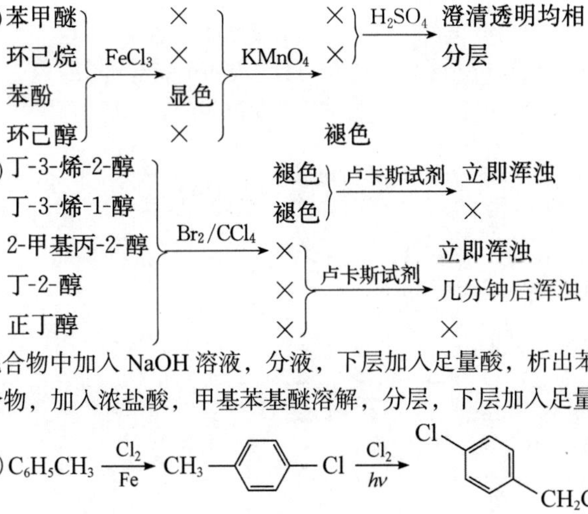 (1) 苯甲醚 ✕、环己烷 ✕、苯酚 显色、环己醇 ✕，FeCl₃；KMnO₄ ✕✕✕褪色；H₂SO₄ 澄清透明均相/分层

(2) 丁-3-烯-2-醇 褪色、丁-3-烯-1-醇 褪色、2-甲基丙-2-醇 ✕、丁-2-醇 ✕、正丁醇 ✕，Br₂/CCl₄；卢卡斯试剂 立即浑浊/✕/立即浑浊/几分钟后浑浊/✕

6. 混合物中加入 NaOH 溶液，分液，下层加入足量酸，析出苯酚，过滤；上层为苯和甲基苯基醚混合物，加入浓盐酸，甲基苯基醚溶解，分层，下层加入足量碱，析出甲基苯基醚，上层即是苯。

7. (1) 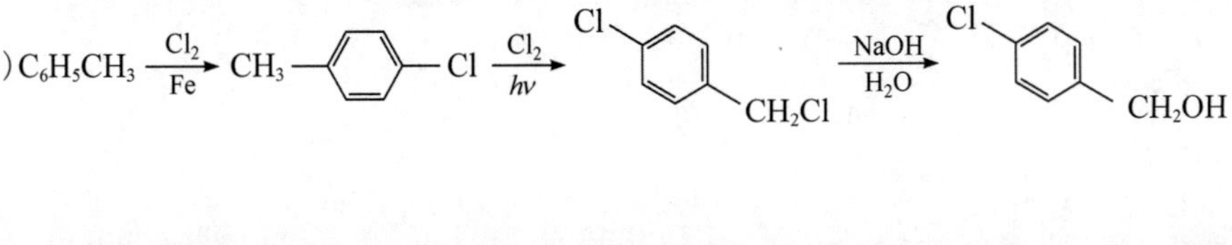 C₆H₅CH₃ →Cl₂/Fe→ CH₃—C₆H₄—Cl →Cl₂/hν→ ClCH₂...CH₂Cl →NaOH/H₂O→ Cl—C₆H₄—CH₂OH

(2) $CH_3CH_2CH_2OH \xrightarrow[\triangle]{H_2SO_4} CH_3CH=CH_2 \xrightarrow[hv]{Cl_2} CH_2ClCH=CH_2 \xrightarrow{Cl_2/H_2O}$

$ClCH_2CHOHCH_2Cl \xrightarrow[H_2O]{NaOH} HOCH_2CHOHCH_2OH$

(3) $CH_3CH_2CH_2OH \xrightarrow{PCl_3} ClCH_2CH_2CH_3 \xrightarrow[醇]{NaCN} CH_3CH_2CH_2CN \xrightarrow{H_3O^+} T.M.$

(4) $CH_3CH_2CH_2CH_2OH \xrightarrow[\triangle]{H_2SO_4} CH_3CH=CHCH_3 \xrightarrow{Br_2/CCl_4} T.M.$

(5) $CH_3CH_2CH_2CH_2OH \xrightarrow[\triangle]{H_2SO_4} CH_3CH=CHCH_3 \xrightarrow{O_3} \xrightarrow[Zn]{H_2O} CH_3CHO$

8. $(CH_3)_2C=CHCH_3 \xrightarrow{KMnO_4,H^+} (CH_3)_2C=O+CH_3COOH$
 (C)

$(CH_3)_2CHCHCH_3 \xrightarrow[\triangle]{H_2SO_4} (CH_3)_2C=CHCH_3$
 $\quad\quad\quad |$
 $\quad\quad\;\; OH$
 　(B)

$(CH_3)_2CHCHCH_3 \xrightarrow[H_2O]{NaOH} (CH_3)_2CHCHCH_3$
 $\quad\quad\quad |$　　　　　　　　　　　$\quad\quad\quad |$
 $\quad\quad\;\; Br$　　　　　　　　　　　　$\quad\quad\;\; OH$
 　(A)

9. 反应式略，结构式为 A. $C_6H_5OCH_3$；B. C_6H_5OH；C. CH_3I。

10. (1) $C_6H_5OH + C_2H_5I$

(2) $C_6H_5CH=CH_2$, $C_6H_5CHOHCH_3$

(3) $HOCH_2CH_2OH$, $O=HCCH=O$；CO_2

(4) $CH_3COCOOH + HOOCCH_2COOH$

(5) $(CH_3)_2C=CHCH_2Cl$, $CH_3\!-\!\!\bigcirc\!\!-\!ONa$, $CH_3\!-\!\!\bigcirc\!\!-\!O\!-\!CH_2CH=C(CH_3)_2$

(6) 略

第 10 章　　醛、酮和核磁共振谱

1. (1) 3-羟基丁醛　　　　　(2) (4E, 6E)-辛-4, 6-二烯醛　　　(3) 戊-2, 4-二烯醛
 (4) 苯乙酮肟　　　　　　(5) 4-甲基环己酮　　　　　　　(6) 3-溴-4-甲氧基苯甲醛

2. (1) ③>①>②>④　　　(2) ④>①>②>③　　　　　　　(3) ④>③>②>①

3. (1) 环戊烷-OH,-COOH　(2) ⊙-MgBr ,H^+/H_2O,CrO_3/吡啶　(3) 略

(4) ⊙-CH_2COONa，$CHI_3\downarrow$

(5) $CH_3CH_2CH=CCHO$, $CH_3CH_2CH=CCH=NOH$
 $\quad\quad\quad\quad\quad |$　　　　　　　　　$\quad\quad\quad\quad\quad |$
 $\quad\quad\quad\quad\; CH_3$　　　　　　　　　$\quad\quad\quad\quad\; CH_3$

(6) 略

(7) 略

(8) $KMnO_4/H^+$ 或 $CrO_3/$吡啶，

4. (1)
$CH_3CH_2CH_2CHO$
$CH_3CH_2CH_2CH_2OH$
$CH_3CH_2OCH_2CH_3$

$CH_3\overset{O}{\underset{\|}{C}}CH_2CH_3$

$\xrightarrow{费林试剂}$ 砖红色沉淀 — $\xrightarrow{2,4-二硝基苯肼}$ — 黄色沉淀 $\xrightarrow{KMnO_4/H^+}$ 褪色 —

(2)
$\langle\text{苯环}\rangle-CHO$

环戊酮 $=O$

$CH_3CH_2CH_2CHO$

$CH_3\overset{OH}{\underset{|}{C}}HCH_2CH_2CH_3$

$\xrightarrow{I_2/NaOH}$ 黄色沉淀 — $\xrightarrow{费林试剂}$ 砖红色沉淀 — $\xrightarrow{托伦试剂}$ 黑色沉淀或银镜 —

(3)
$\langle\text{苯环}\rangle\overset{OH}{\underset{|}{C}}HCH_3$

$\langle\text{苯环}\rangle\overset{O}{\underset{\|}{C}}CH_3$

$CH_3\overset{O}{\underset{\|}{C}}CH_2CH_3$

$\langle\text{苯环}\rangle\overset{O}{\underset{\|}{C}}CH_2CH_3$

$\xrightarrow{I_2/NaOH}$ 黄色沉淀 黄色沉淀 黄色沉淀 — $\xrightarrow{2,4-二硝基苯肼}$ — 黄色沉淀 黄色沉淀 $\xrightarrow{饱和\ NaHSO_3}$ — 白色沉淀

5. (1) $CH_3\overset{OH}{\underset{|}{C}}HCH_2CH_3 \xrightarrow{PBr_3} CH_3\overset{Br}{\underset{|}{C}}HCH_2CH_3 \xrightarrow[无水乙醚]{Mg} CH_3\overset{MgBr}{\underset{|}{C}}HCH_2CH_3 \xrightarrow{HCHO}$

$\xrightarrow[H_2O]{H^+} CH_3CH_2\overset{}{\underset{CH_3}{C}}HCH_2OH$

(2) $CH_3CH_2CH_2OH \xrightarrow{PBr_3} CH_3CH_2CH_2Br \xrightarrow[无水乙醚]{Mg} CH_3CH_2CH_2MgBr$ 无水乙醚

$CH_3CH_2CH_2OH \xrightarrow{CrO_3/吡啶} CH_3CH_2CHO$

$\xrightarrow[H_2O]{H^+} CH_3CH_2\overset{OH}{\underset{|}{C}}HCH_2CH_2CH_3 \xrightarrow{KMnO_4/H^+} CH_3CH_2\overset{O}{\underset{\|}{C}}CH_2CH_2CH_3$

6. (1) $\langle\text{苯环}\rangle-CH_2Cl \xrightarrow[无水乙醚]{Mg} \langle\text{苯环}\rangle-CH_2MgCl \xrightarrow[无水乙醚]{\langle\text{苯环}\rangle-CHO} \xrightarrow[H_2O]{H^+} \langle\text{苯环}\rangle-\overset{OH}{\underset{|}{C}}HCH_2-\langle\text{苯环}\rangle$

$\xrightarrow[\triangle]{浓\ H_2SO_4} \langle\text{苯环}\rangle-CH=CH-\langle\text{苯环}\rangle$

(2) $CH_3-\langle\text{苯环}\rangle-CHO \xrightarrow[干\ HCl]{CH_3OH} CH_3-\langle\text{苯环}\rangle-CH(OCH_3)_2 \xrightarrow[ROOR]{NBS} BrCH_2-\langle\text{苯环}\rangle-CH(OCH_3)_2$

$\xrightarrow[无水乙醚]{Mg} BrMgCH_2-\langle\text{苯环}\rangle-CH(OCH_3)_2 \xrightarrow[H_2O]{\triangle\ O\ H^+} HOCH_2CH_2CH_2-\langle\text{苯环}\rangle-CHO$

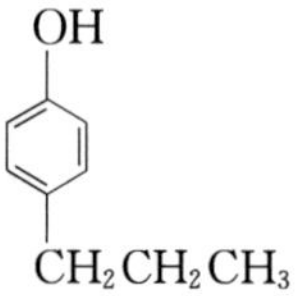

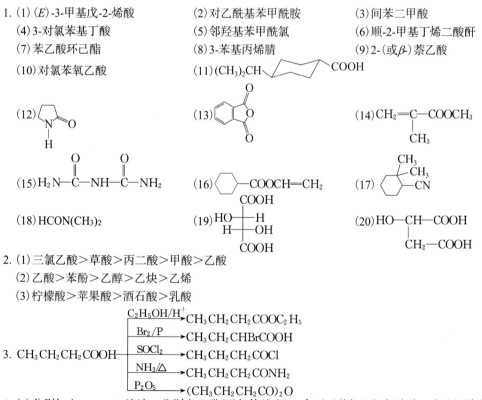

8. (1) b>a>c；　(2) c>e>a>d>f>b

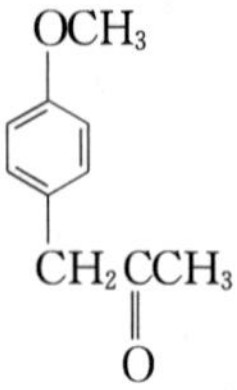

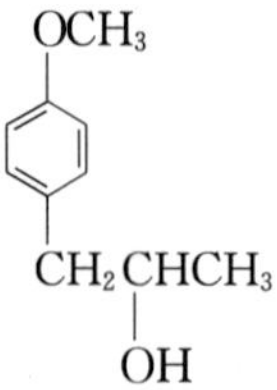

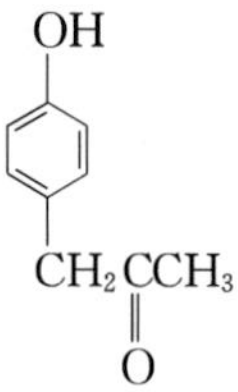

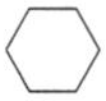

10.

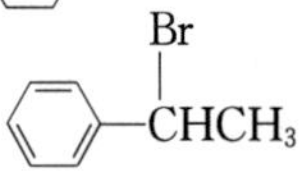

11.

12.

第11章　羧酸、羧酸衍生物和质谱

1. (1) (E)-3-甲基戊-2-烯酸
   (4) 3-对氯苯基丁酸
   (7) 苯乙酸环己酯
   (10) 对氯苯氧乙酸

   (2) 对乙酰基苯甲酰胺
   (5) 邻羟基苯甲酰氯
   (8) 3-苯基丙烯腈

   (3) 间苯二甲酸
   (6) 顺-2-甲基丁烯二酸酐
   (9) 2-(或β)萘乙酸

   (11) (CH₃)₂CH—⬡—COOH

   (12)

   (13)

   (14) CH₂=C—COOCH₃
              |
              CH₃

   (15) H₂N—CO—NH—CO—NH₂

   (16) ⬡—COOCH=CH₂

   (17) ⬡ 二甲基—CN

   (18) HCON(CH₃)₂

   (19) HO—H
        H—OH
        COOH
        COOH

   (20) HO—CH—COOH
              |
              CH₂—COOH

2. (1) 三氯乙酸>草酸>丙二酸>甲酸>乙酸
   (2) 乙酸>苯酚>乙醇>乙炔>乙烯
   (3) 柠檬酸>苹果酸>酒石酸>乳酸

3. CH₃CH₂CH₂COOH
   $\xrightarrow{C_2H_5OH/H^+}$ CH₃CH₂CH₂COOC₂H₅
   $\xrightarrow{Br_2/P}$ CH₃CH₂CHBrCOOH
   $\xrightarrow{SOCl_2}$ CH₃CH₂CH₂COCl
   $\xrightarrow{NH_3/\triangle}$ CH₃CH₂CH₂CONH₂
   $\xrightarrow{P_2O_5}$ (CH₃CH₂CH₂CO)₂O

4. (1) 分别加入 NaHCO₃ 溶液，鉴别出乙醛(无气体放出)；余下两种加入银氨溶液，产生沉淀的为甲酸。

(2)加入 NaOH 溶液，不溶解分层的为苄醇；余下两种加入 FeCl₃ 溶液，显紫色的为对甲苯酚。

(3)加入酸性 KMnO₄ 溶液，褪色的为草酸；余下两种加热，产生的气体通入澄清石灰水中，变浑浊的是丙二酸。

(4)加入水，产生白雾的是乙酰氯；稍加热，能与水溶解成一相的是乙酸酐，不溶解的是乙酸乙酯。

(5)分别加入 NaHCO₃ 溶液，鉴别出 2-羟基丙酸和丙酸(有气体放出)，分别加入酸性 KMnO₄ 溶液，褪色的为 2-羟基丙酸；余下两种加入 I₂/NaOH 溶液，产生黄色沉淀的为丙-2-醇。

5. (1)$C_6H_5CH_2MgCl$，　$C_6H_5CH_2COOH$，　$C_6H_5CH_2COCl$

(2)$CH_3-\underset{\underset{OH}{|}}{C}H-CN$，　$CH_3-\underset{\underset{OH}{|}}{C}H-COOH$

(3)　

(4)$C_2H_5OOCCH_2CH_2COOH + C_2H_5OOCCH_2CH_2COOC_2H_5$

(5)$CH_3CH_2\overset{\overset{O}{||}}{C}\underset{\underset{CH_3}{|}}{C}H\overset{\overset{O}{||}}{C}OC_2H_5$

(6)

(7)

(8)$CH_3CH_2\underset{\underset{OH}{|}}{C}HCOOH$

6. (1)$H_2C{=}CH_2 \xrightarrow{H_3O^+} CH_3CH_2OH \xrightarrow[\text{高温}]{CuO} CH_3CHO \xrightarrow[\text{加热}]{NaOH(稀)} CH_3CH{=}CHCHO$

$\xrightarrow{H_2 \atop Pt} CH_3CH_2CH_2CH_2OH \xrightarrow[H^+]{KMnO_4} T.M.$

(2)$CH_3CH_2COOH \xrightarrow{Br_2/P} CH_3CHBrCOOH \xrightarrow[H_2O]{OH^-} CH_3\underset{\underset{OH}{|}}{C}HCOOH$

(3)$CH_3CH_2COOH \xrightarrow{LiAlH_4} CH_3CH_2CH_2OH \xrightarrow{SOCl_2} \xrightarrow{CN^-} CH_3CH_2CH_2CN \xrightarrow{H_3O^+} T.M.$

(4)

7. 布洛芬的合成路线如下：

8. A～E 的结构式如下：

D. 　　　E.

9. A、B、C 的结构分别为 CH_3CH_2COOH、$HCOOC_2H_5$、CH_3COOCH_3，反应式为

$$CH_3CH_2COOH + Na_2CO_3 \longrightarrow CH_3CH_2COONa + CO_2$$

$$HCOOC_2H_5 \xrightarrow{NaOH} HCOONa + C_2H_5OH \xrightarrow{I_2/NaOH} CHI_3\downarrow$$

$$CH_3COOCH_3 \xrightarrow{NaOH} CH_3COONa + CH_3OH$$

10. A、B、C 和 D 的结构分别为 $CH_3COOCH=CH_2$、$CH_2=CHCOOCH_3$、$CH_2=CHCOONa$、$CH_2=CHCOOH$，反应式为

$$CH_3COOCH=CH_2 \xrightarrow[加热]{NaOH} CH_3COONa + HOCH=CH_2 \longrightarrow CH_3CHO$$

$$CH_2=CHCOOCH_3 \xrightarrow[加热]{NaOH} CH_2=CHCOONa + CH_3OH$$

$$CH_2=CHCOONa \xrightarrow{H^+} CH_2=CHCOOH \xrightarrow{Br_2/CCl_4} CH_2BrCHBrCOOH$$

11. A. $CH_3\overset{*}{\underset{OH}{C}H}\!-\!CH_2COOH$　　　　B. $CH_3CH=CHCOOH$　　　　C. $CH_3\overset{O}{\overset{\|}{C}}CH_3$

12. (1) $CH_3COCH_2COOC_2H_5 \xrightarrow[②\,C_3H_7Br]{①\,NaOC_2H_5} CH_3COCHCOOC_2H_5 \atop \quad\quad\quad\quad\quad|\atop\quad\quad\quad\quad C_3H_7 \xrightarrow[②\,H^+,加热]{①\,10\%\,KOH}$

$CH_3COCH_2C_3H_7 \xrightarrow{LiAlH_4} T.\,M.$

(2) $CH_3COCH_2COOC_2H_5 \xrightarrow[②\,C_3H_7Br]{①\,NaOC_2H_5} CH_3COCHCOOC_2H_5 \atop \quad\quad\quad\quad\quad|\atop\quad\quad\quad\quad C_3H_7 \xrightarrow[②\,H^+,加热]{①\,40\%\,KOH} C_3H_7CH_2COOH$

(3) $CH_3COCH_2COOC_2H_5 \xrightarrow[②\,ClCH_2COCH_3]{①\,NaOC_2H_5} CH_3COCHCOOC_2H_5 \atop \quad\quad\quad\quad\quad|\atop\quad\quad\quad CH_2COCH_3 \xrightarrow[②\,H^+,加热]{①\,10\%\,KOH} T.\,M.$

(4) $CH_3COCH_2COOC_2H_5 \xrightarrow[②\,CH_3I]{①\,NaOC_2H_5} CH_3COCHCOOC_2H_5 \atop \quad\quad\quad\quad\quad|\atop\quad\quad\quad\quad CH_3$

$CH_3COCHCOOC_2H_5 \atop \quad\quad\quad|\atop\quad\quad CH_3 \xrightarrow[②\,ClCH_2COCH_3]{①\,NaOC_2H_5} CH_3\overset{CH_3}{\overset{|}{CO C}}COOC_2H_5 \atop \quad\quad\quad\quad\quad\quad|\atop\quad\quad\quad\quad\quad CH_2COCH_3 \xrightarrow[②\,H^+,加热]{①\,40\%\,KOH} T.\,M.$

13. 正丙醚的分子离子存在如下裂解过程：

$$CH_3CH_2CH_2\overset{+\bullet}{O}CH_2CH_2CH_3 \longrightarrow \underset{m/z\ 73}{CH_2=\overset{+}{O}CH_2CH_2CH_3} + \bullet CH_2CH_3$$
$$\longrightarrow \underset{m/z\ 31}{CH_2=\overset{+}{O}H} + CH_2=CHCH_3$$

14. (3)，因为会产生 $CH_3CH_2^+(m/z=29)$、$CH_3CH_2CH_2^+(m/z=43)$ 和 $CH_3CH_2CO^+\ (m/z=57)$ 等峰。

第 12 章　胺及其衍生物

1. (1) 2,3-二甲基丁-2-胺(2-氨基-2,3-二甲基丁烷)

　　(2) N,N-二甲基丙-1-胺(二甲基丙基胺)　　　　　　　(3) 氢氧化二甲基二乙基铵

(4) 丁-1,4-二胺　　　　(5) N-乙基-N-甲基环己胺　　　　(6) 对溴-N,N-二甲基苯胺

2. (1) $[(C_2H_5)_2N(CH_3)_2]^+Cl^-$　　　　(2) $[HOCH_2CH_2N^+(CH_3)_3]OH^-$

(3) $HO\!-\!\langle\bigcirc\rangle\!-\!N\!=\!N\!-\!\langle\bigcirc\rangle\!-\!Br$

(4) $C_6H_5SO_2NHCH_3$　　　　(5) $Br\!-\!\langle\bigcirc\rangle\!-\!N_2^+Cl^-$

(6) $CH_3CONHC_6H_5$

3. (1) 对甲氧基苯胺＞苯胺＞对氨基苯甲醛

(2) 氢氧化四甲铵＞甲胺＞尿素＞甲酰胺＞邻苯二甲酰亚胺

(3) 四氢吡咯＞二乙胺＞环戊胺

4. (1)

(2) $CH_3O\!-\!\langle\bigcirc\rangle\!-\!\underset{\underset{CH_3}{|}}{N}COCH_3$

(3) $\langle\bigcirc\rangle\!-\!N_2^+Cl^-$, $\langle\bigcirc\rangle\!-\!N\!=\!N\!-\!\langle\bigcirc\rangle\!-\!N(CH_3)_2$

(4) $C_6H_5NO_2$, $C_6H_5NH_2$, $CH_3\!-\!\langle\bigcirc\rangle\!-\!SO_2NHC_6H_5$

(5) $C_6H_5NH_2$, $C_6H_5N_2^+Cl^-$, C_6H_5CN, C_6H_5COOH

(6) CH_3CH_2COOH, CH_3CH_2COCl, $CH_3CH_2CON(C_2H_5)_2$, $CH_3CH_2CH_2N(C_2H_5)_2$

5. (1) 加入溴水，产生白色沉淀的是苯酚和苯胺，在这两者中加入三氯化铁溶液，显色的是苯酚；另外两者中，加入银氨溶液，产生银镜的是苯甲醛。

(2) 采用兴斯堡反应，先分别加入对甲基苯磺酰氯(TsCl)，产生白色沉淀的是邻甲基苯胺和 N-甲基苯胺，无沉淀的为 N,N-二甲基苯胺；前两者分别加入 NaOH 溶液，白色沉淀溶解的为邻甲基苯胺，不溶的为 N-甲基苯胺。

6. (1)

(2) $C_6H_5CH_2OH \xrightarrow[\triangle]{KMnO_4,\ H^+} C_6H_5COOH \xrightarrow[\triangle]{NH_3} C_6H_5CONH_2 \xrightarrow{Br_2,\ OH^-} C_6H_5NH_2$

$\xrightarrow[0\sim5℃]{HNO_2} C_6H_5N_2^+ \xrightarrow[\triangle]{H_2O} T.M.$

(3)

(4) 甲胺：$C_2H_5OH \xrightarrow[\triangle]{KMnO_4,\ H^+} CH_3COOH \xrightarrow[\triangle]{NH_3} CH_3CONH_2 \xrightarrow{Br_2,\ OH^-} CH_3NH_2$

乙胺：$CH_3CH_2OH \xrightarrow{PCl_3} CH_3CH_2Cl \xrightarrow{NH_3} CH_3CH_2NH_2$

丙胺：$CH_2CH_2Cl \xrightarrow{NaCN} CH_3CH_2CN \xrightarrow[Ni]{H_2} CH_3CH_2CH_2NH_2$

(5)

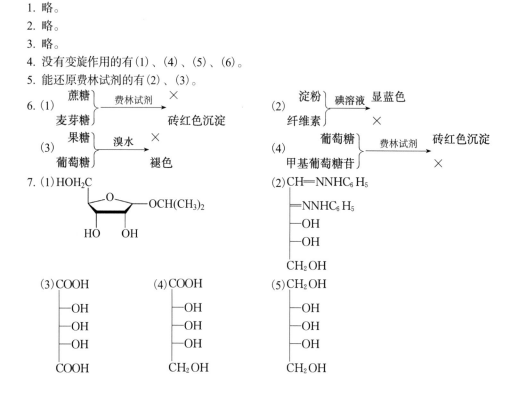

(6) 　$\underset{H_2SO_4}{\overset{HNO_3}{\longrightarrow}}$　$\overset{Fe,HCl}{\longrightarrow}$ $C_6H_5NH_2$ $\underset{0\sim5℃}{\overset{HNO_2}{\longrightarrow}}$ $\overset{H_2O}{\longrightarrow}C_6H_5OH$

$-NH_2$ $\overset{CH_3COCl}{\longrightarrow}C_6H_5NHCOCH_3$ $\overset{Br_2}{\underset{Fe}{\longrightarrow}}$ Br$-$NHCOCH$_3$ $\overset{H_3O^+}{\longrightarrow}$

Br$-$NH$_2$ $\underset{0\sim5℃}{\overset{HNO_2}{\longrightarrow}}$ Br$-$N$_2^+$ $\overset{C_6H_5OH}{\longrightarrow}$ T. M.

$7.$ O_2N-NH$_2$ $\underset{0\sim5℃}{\overset{HNO_2}{\longrightarrow}}$ O_2N-N$_2^+$ → OH $-$N$=$N$-$NO$_2$

8. 加入 NaOH 水溶液，对甲苯酚溶解转入水层，分出水层，加入足够酸，析出对甲苯酚；另一层苯甲醇和苯甲胺混合物，加入稀盐酸，苯甲胺溶解转入水层，分出水层，加入足够碱，析出苯甲胺。

9. A. CH$_3$CHCH$_2$CH(CH$_3$)$_2$　　　B. CH$_3$CHCH$_2$CH(CH$_3$)$_2$　　　C. CH$_3$CH$=$CHCH(CH$_3$)$_2$
　　　　|　　　　　　　　　　　　　　　　　　|
　　　NH$_2$　　　　　　　　　　　　　　　OH

10. A. $-$NO$_2$ CH$_3$　　B. $-$NH$_2$ CH$_3$　　C. $-$N$_2^+$Cl$^-$ CH$_3$

D. $-$CN CH$_3$　　E. $-$COOH CH$_3$　　F. $-$COOH COOH

第 13 章　糖类化合物

1. 略。
2. 略。
3. 略。
4. 没有变旋作用的有(1)、(4)、(5)、(6)。
5. 能还原费林试剂的有(2)、(3)。

6. (1) 蔗糖／麦芽糖 $\overset{费林试剂}{\longrightarrow}$ × ／ 砖红色沉淀　　(2) 淀粉／纤维素 $\overset{碘溶液}{\longrightarrow}$ 显蓝色 ／ ×

(3) 果糖／葡萄糖 $\overset{溴水}{\longrightarrow}$ × ／ 褪色　　(4) 葡萄糖／甲基葡萄糖苷 $\overset{费林试剂}{\longrightarrow}$ 砖红色沉淀 ／ ×

7. (1) HOH$_2$C $-$O$-$ $-$OCH(CH$_3$)$_2$ HO OH

(2) CH$=$NNHC$_6$H$_5$
$=$NNHC$_6$H$_5$
$-$OH
$-$OH
CH$_2$OH

(3) COOH
$-$OH
$-$OH
$-$OH
COOH

(4) COOH
$-$OH
$-$OH
$-$OH
CH$_2$OH

(5) CH$_2$OH
$-$OH
$-$OH
$-$OH
CH$_2$OH

8.

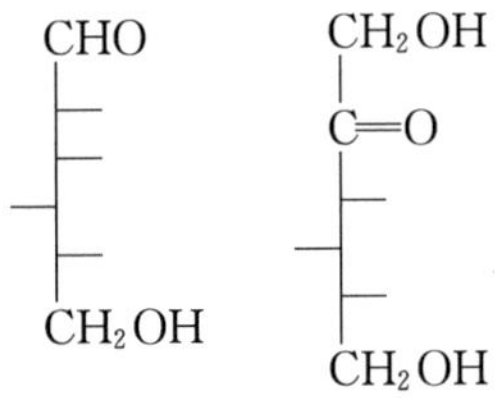

9. A. 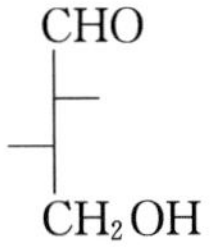   B.

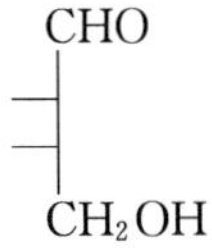

10.

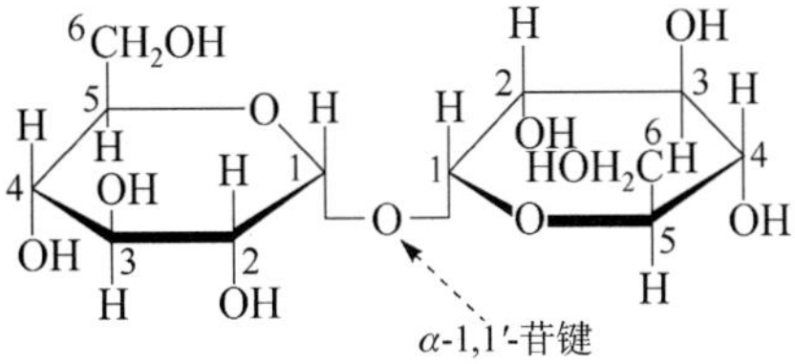

α-1,1′-苷键

11. (1) *β*-L   (2) *α*-D   (3) *β*-D   (4) *β*-L   (5) *β*-L   (6) *α*-D   (7) *β*-D   (8) *β*-D   (9) *α*-L

第 14 章　杂环化合物

1. (1) 5-硝基呋喃-2-甲醛
   (2) *α*-噻吩甲酸
   (3) *N, N*-二甲基吡啶-3-甲酰胺
   (4) 3-羟基-4, 5-二羟甲基-2-甲基吡啶(维生素 B6)
   (5) *N*-甲基吡咯
   (6) 4-羟基喹啉
   (7) 3, 7-二甲基-2, 6-二氧嘌呤(咖啡因)
   (8) *β*-吲哚乙酸

2. 碱性: ①>②>③。
   ①是脂肪氨基, 碱性大于咪唑(芳香环)上的 N 原子; ②N 原子的杂化类型与吡啶 N 原子类似, 有一对伸向环平面外的 N_{sp^2} 杂化轨道上的电子, 可以接受质子, 有较强的碱性; ③号氮原子类似于吡咯上的 NH, 未成键电子对参与芳香共轭体系, 难给出电子对, 碱性较弱。

3. (1) 加入浓硫酸, 振摇, 噻吩易磺化而转移至浓硫酸层。
   (2) 加入 NaOH 水溶液, 苯酚溶解于 NaOH 水溶液; 甲苯与吡啶处于上层有机相, 分出有机相后再加入浓盐酸, 吡啶成盐转入水相; 再次分液弃去水相可以获得甲苯。

4. (1) 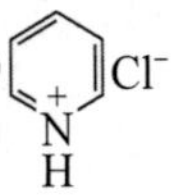   (2) 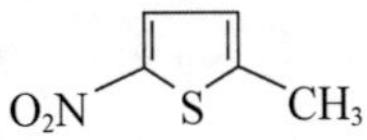   (3)

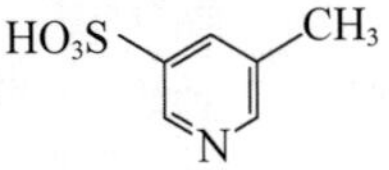

(4) 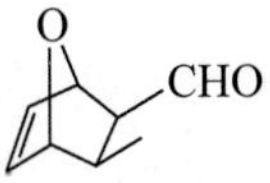   (5) 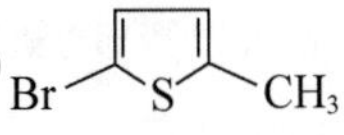   (6)

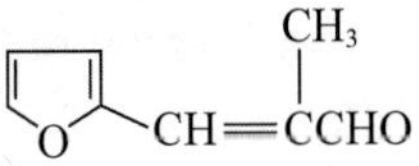

(7) 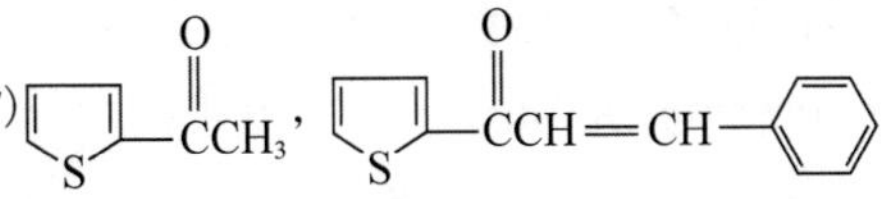   (8)

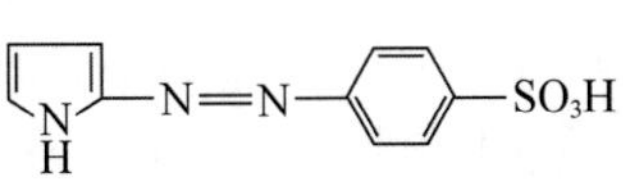

(9)

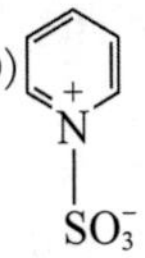

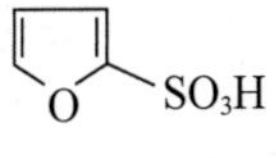

(10)

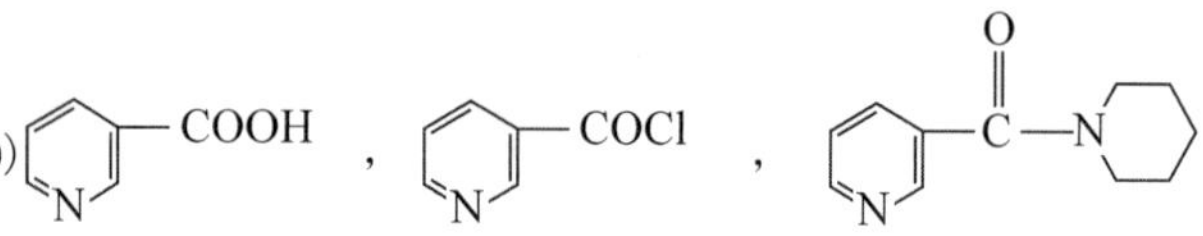

5. (1)

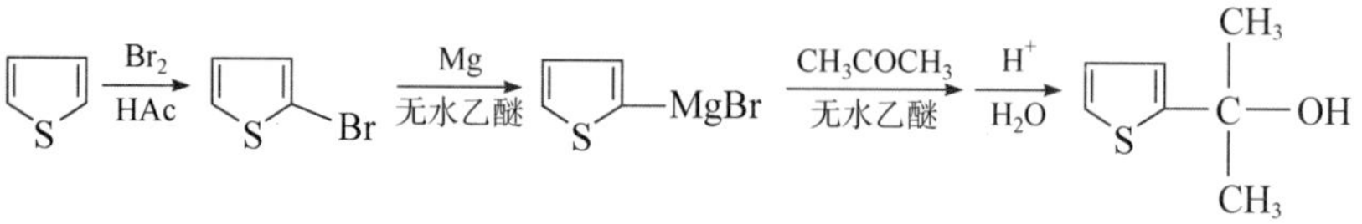

(2)

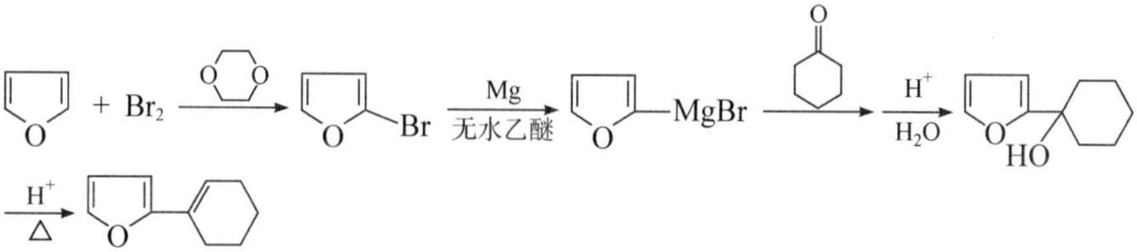

6. A. NaCN　　　B. H$_2$/Ni　　　C. H$^+$/H$_2$O　　　D. PCl$_3$

E.

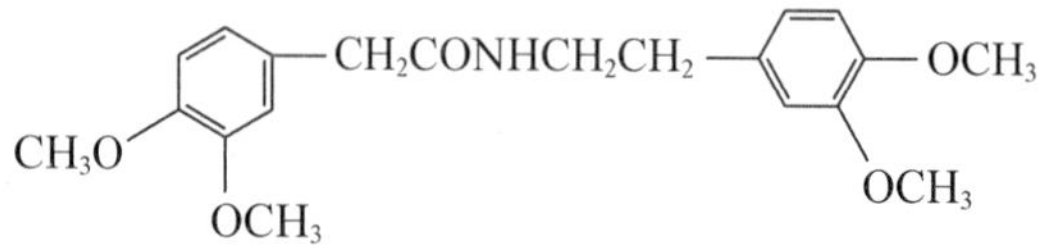

第15章　氨基酸、蛋白质和核酸

1. pH 为 5~6。

2. (1) 与 HNO$_2$ 反应，有氮气放出的为谷氨酸。

(2) 与卢卡斯试剂反应，加热出现浑浊的为丝氨酸。

(3) 与 NaHCO$_3$ 反应，有气体放出的为酪氨酸。

3. 其结构为甘—甘—天冬—苯丙—脯—缬—脯—亮。

4. 其结构为

$$甘—亮—脯—半胱—天冬—谷$$
$$半胱—酪—异亮$$

还原后的结构为甘—亮—脯—半胱—天冬—谷—异亮—酪—半胱。

5. (1) 因为纯水的 pH 为 7，而胰岛素和鱼精蛋白的 pI 分别为 5.3 和 10，它们较难离子化。

(2) 因为只有变性后蛋白质的结构才会变得松散，才会产生游离的巯基和二硫基、酚基等官能团。

(3) 因为这两种试剂更容易引入，而且在保护氨基或活化羧基后更容易通过水解脱去。

(4) 实验证明 75% 乙醇溶液的杀菌消毒效果最好，过浓或过稀都难破坏蛋白质胶体颗粒表面的水化膜或进入肽链空隙产生溶胀作用。

6. (1) 慢。因为氨基以 —NH$_3^+$ 形式存在、羧基以 —COO$^-$ 形式存在，使其活性大大降低。

(2) 肽中 C 端的羧基的 pK 要比自由氨基酸的 pK 大，而 N 端的氨基的 pK 要比自由氨基酸的 pK 小。

(3) 它们的构型如下：

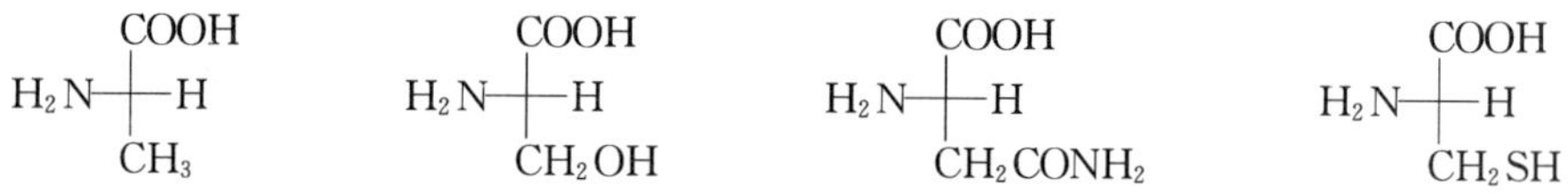

L-(+)-丙氨酸　　　　L-(−)-丝氨酸　　　　L-(−)-天冬酰氨酸　　　　L-(−)-半胱氨酸

参 考 文 献

陈睿, 宋光泉. 2005. 新编有机化学解题指南. 北京: 中国农业出版社

冯金成, 郭生. 2005. 有机化学学习及解题指导. 2 版. 北京: 科学出版社

李楠, 胡世荣. 2003. 有机化学习题集. 北京: 高等教育出版社

王积涛, 王永梅, 张宝申, 等. 2009. 有机化学. 3 版. 天津: 南开大学出版社

邢其毅, 裴伟伟, 徐瑞秋, 等. 2016. 基础有机化学. 4 版. 北京: 高等教育出版社

张宝申, 庞美丽. 2004. 有机化学习题解. 天津: 南开大学出版社

张宝申, 庞美丽. 2010. 有机化学学习辅导. 2 版. 天津: 南开大学出版社

章维华. 2006. 有机化学学习指南. 北京: 中国农业出版社

Patrick G L. 2000 . Instant Notes in Organic Chemistry. 影印版. 北京: 科学出版社

Vollhardt K P C, Schore N E. 2003. Organic Chemistry: Structure and Function. 4th ed. New York: W. H.
  Freeman